高等学校计算机应用规划教材

# 新编计算机基础教程

刘三满 李丽蓉 曾倩倩 主编

清华大学出版社
北　京

## 内容简介

本书是在教学实践的基础上编写而成的。本书根据"夯实基础、面向应用、培养创新"的指导思想，以掌握计算机基础知识和基本应用技能为主线，具有内容丰富、层次清晰、通俗易懂、图文并茂、易教易学的特色，重点突出教材的基础性、应用性和创新性，旨在提高大学生计算机应用能力，并为学习后继课程打下扎实的基础。

本书既适合作为高等院校各专业学生"大学计算机基础"课程的教材，也适合各类人员作为自学计算机基础的教材或参考书，还可用作计算机等级考试、计算机各类培训班的培训教材。

本书配套的电子课件、习题答案和素材可以到 http://www.tupwk.com.cn/downpage 网站下载，也可以通过扫描前言中的二维码下载。

本书封面贴有清华大学出版社防伪标签，无标签者不得销售。

版权所有，侵权必究。举报：010-62782989，beiqinquan@tup.tsinghua.edu.cn。

**图书在版编目(CIP)数据**

新编计算机基础教程 / 刘三满，李丽蓉，曾倩倩 主编. —北京：清华大学出版社，2020.1（2022.9重印）
高等学校计算机应用规划教材
ISBN 978-7-302-54330-5

Ⅰ. ①新… Ⅱ. ①刘…②李…③曾… Ⅲ. ①Windows 操作系统—高等学校—教材②办公自动化—应用软件—高等学校—教材 Ⅳ. ①TP316.7②TP317.1

中国版本图书馆 CIP 数据核字(2019)第 263264 号

责任编辑：胡辰浩
装帧设计：孔祥峰
责任校对：牛艳敏
责任印制：朱雨萌

出版发行：清华大学出版社
网　　址：http://www.tup.com.cn，http://www.wqbook.com
地　　址：北京清华大学学研大厦 A 座　　邮　编：100084
社 总 机：010-83470000　　邮　购：010-62786544
投稿与读者服务：010-62776969，c-service@tup.tsinghua.edu.cn
质 量 反 馈：010-62772015，zhiliang@tup.tsinghua.edu.cn

印 装 者：小森印刷霸州有限公司
经　　销：全国新华书店
开　　本：185mm×260mm　　印　张：12.75　　字　数：326 千字
版　　次：2020 年 1 月第 1 版　　印　次：2022 年 9 月第 8 次印刷
定　　价：59.00 元

———————————————————————————————————————

产品编号：085867-02

# 前 言

　　计算机应用基础课程是普通高校、职业院校、成人高校各专业学生的必修基础课。提高学生的计算机操作技能和应用水平，是高等教育中的一项重要任务。

　　按照教育部"以就业为导向"的有关文件精神，根据大学计算机公共基础课的需要，参照教育部考试中心最新颁发的《全国计算机等级考试大纲》要求，紧跟计算机科学技术的迅速发展，为使学生掌握不断更新的计算机应用基础知识和技能，我们编写了《新编计算机基础教程》教材。

　　本书将计算机技能教学、学生职业岗位要求与职业资格认证结合起来，在内容上符合教育部计算机应用基础教学大纲要求，以 Microsoft Office 2016 为教学和实验环境，全面涵盖了高等院校各专业计算机基础课程的基本教学内容和《全国计算机等级考试大纲》内容；既注重基础技能，又注重实践训练，充分体现职业能力的培养。

　　本教材由刘三满、李丽蓉、曾倩倩担任主编，郭丽蓉、张志强、朱飚凯、魏利梅、曹敏、陈云云、刘荷花、王晓燕担任副主编。

　　万丈高楼平地起。"基础不牢，地动山摇"，基础内容不是"简单"的代名词，而是一个学科知识构架的根基和出发点。要学好任何一门学科的知识，必须循序渐进，从基础入手，这是教育的普遍规律。

　　本书在教学实践的基础上，以掌握计算机基础知识和基本应用技能为主线，针对初学者的学习特点和需求，坚持以讲解基本知识、培养基本技能为宗旨，结合教师们多年从事大学计算机基础课程教学的经验编写而成。在编写过程中，重点突出本书的实用性、适用性和先进性，注意由浅入深、繁简适当，尽量采用通俗的语言解释、表述一些初学者难以理解的概念和术语，并配合相应的插图描述操作方法，将基本知识与基本技能巧妙地组织在教材中。本书各章后均附有习题及答案，为读者自学提供条件。

　　教材编写组为了保证教材的编写质量，打造精品，在编写和审定过程中，严格按照计算机应用基础课程教学大纲、课程结构和教学进程的要求，按照教材的编写程序，多次研究讨论，集思广益，较好地完成了编写、修改、统稿等工作。

　　本书在体系结构上将概念、功能及实例操作有机结合起来，使读者能迅速入门并在应用中轻松掌握相应知识。

　　全书共分 8 章，内容主要包括：计算机基础知识、Windows 操作系统、文字处理软件 Word 2016、电子表格处理软件 Excel 2016、演示文稿制作软件 PowerPoint 2016、数据库管理软件 Access 2016、计算机网络基础及应用、计算机安全基础知识。

概括起来,本书具有以下主要特点:

- 结构清晰、内容翔实。在每一章的开始,用教学提示和教学目标概要说明了该章学习的内容和实现的目标,使学习者对该章有个整体认识;介绍每一个操作时,首先介绍该操作的功能,然后介绍该操作的具体实现方法,并且在介绍过程中图文并茂地给予说明;在各章的最后还有对应的小结,总结该章的内容,前后呼应,系统性强。
- 精选案例、典型实用。在各章配有多个精心选择的案例,这些案例既有较强的代表性和实用性,又能够综合应用对应章节的知识,使学习者能够全面、准确地掌握Office 2016。
- 习题科学、提高能力。每一章最后提供有习题,包括选择题、填空题、简答题、操作题等题型,紧扣该章内容。通过完成这些习题,可以使学习者更好地掌握该章介绍的基本概念,提高实际应用能力。
- 电子课件、充分共享。本书配有教师使用的电子PPT课件、教学素材和习题答案等内容,便于广大师生的教与学。
- 图文并茂、易教易学。本书图文并茂、通俗易懂、易教易学,既适合作为普通高校、职业院校、成人高校各专业学生"计算机应用基础"课程的教材,也适合用作计算机从业人员和爱好者的自学教材或参考书,还可用作全国计算机等级考试、计算机各类培训班的培训教材。

科研水平是衡量一所大学办学水平的重要标志,组织教师编写教材,是山西警察学院网络安全保卫系探索"教、学、练、战一体化"教学模式的一次有益尝试,是积极开展教法创新的一次极好检验,也是科研团队提升科研层次、加强科研能力、打造师资队伍的一条重要途径。

本书的编写出版,得到了2019年山西省高等学校教学改革创新项目(项目编号 J2019231)资助、"山西省'1331工程'重点学科建设计划"项目资助(英文缩写为1331KSC)、山西警察学院网络对抗与电子数据取证创新团队项目资助、山西警察学院培训招标课题项目资助(2019yzb007),依托山西警察学院网络安全与舆情分析研究中心平台。

在本书的编写过程中,得到了山西警察学院领导和相关部门的大力支持,得到了山西警察学院网络安全保卫系各位老师的关心和帮助,在此表示衷心的感谢。本教材在编写过程中参考了多位专家、学者的著作和最新研究成果,由于篇幅有限,不能一一列出,在此向其作者一并致谢!

鉴于我们学识浅薄、时间仓促,在教材编写中,难免存在疏漏和不妥之处,敬请读者和专家批评指正。我们的电话是010-62796045,邮箱是huchenhao@263.net。

本书配套的电子课件、习题答案和素材可以到 http://www.tupwk.com.cn/downpage 网站下载,也可以通过扫描下方的二维码下载。

编　者

2019年9月

# 目 录

## 第1章 计算机基础知识 ……………… 1
### 1.1 计算机知识概述 …………………… 1
#### 1.1.1 计算机的诞生与发展 …………… 1
#### 1.1.2 计算机的特点 …………………… 3
#### 1.1.3 计算机的应用 …………………… 4
### 1.2 计算机的数制和编码 ……………… 5
#### 1.2.1 计算机常用进制转换和表示法 … 5
#### 1.2.2 计算机的字符编码 ……………… 9
### 1.3 计算机系统组成及基本工作原理 … 10
#### 1.3.1 计算机系统概述 ……………… 10
#### 1.3.2 计算机的工作原理 …………… 14
### 1.4 计算机配置 ……………………… 14
#### 1.4.1 案例的提出与分析 …………… 14
#### 1.4.2 案例主要知识点 ……………… 15
#### 1.4.3 案例实现步骤 ………………… 15
### 1.5 本章小结 ………………………… 16
### 1.6 思考和练习 ……………………… 16

## 第2章 Windows操作系统 …………… 17
### 2.1 操作系统概述 …………………… 17
#### 2.1.1 操作系统的概念 ……………… 17
#### 2.1.2 操作系统的管理功能和作用 … 17
#### 2.1.3 操作系统的分类及特点 ……… 18
### 2.2 Windows常用版本简介 …………… 19
#### 2.2.1 Windows常用版本介绍 ……… 19
#### 2.2.2 Windows的版本选择 ………… 19
### 2.3 安装Windows操作系统 ………… 22
#### 2.3.1 案例的提出与分析 …………… 22
#### 2.3.2 案例主要知识点 ……………… 23
#### 2.3.3 案例实现步骤 ………………… 23
### 2.4 设置Windows系统 ……………… 26
#### 2.4.1 案例的提出与分析 …………… 26
#### 2.4.2 案例主要知识点 ……………… 26
#### 2.4.3 案例实现步骤 ………………… 27
### 2.5 Windows的基本操作 …………… 30
#### 2.5.1 Windows桌面基本元素 ……… 30
#### 2.5.2 Windows窗口 ………………… 30
#### 2.5.3 Windows启动 ………………… 32
#### 2.5.4 键盘知识 ……………………… 33
### 2.6 文件管理 ………………………… 35
#### 2.6.1 文件和文件夹的管理 ………… 35
#### 2.6.2 案例的提出与分析 …………… 35
#### 2.6.3 案例主要知识点 ……………… 35
#### 2.6.4 案例实现步骤 ………………… 35
### 2.7 本章小结 ………………………… 37
### 2.8 思考和练习 ……………………… 37

## 第3章 文字处理软件Word 2016 …… 39
### 3.1 Word文档的基本操作 …………… 39
#### 3.1.1 Word的基本界面 ……………… 39
#### 3.1.2 文档的基本编辑及操作方法 … 43
### 3.2 表格的操作 ……………………… 49
#### 3.2.1 绘制表格 ……………………… 49
#### 3.2.2 修饰表格 ……………………… 50
#### 3.2.3 主要知识点 …………………… 51
#### 3.2.4 实现步骤 ……………………… 51
### 3.3 图文混排 ………………………… 54
#### 3.3.1 在文档中插入对象 …………… 55
#### 3.3.2 主要知识点 …………………… 56
#### 3.3.3 实现步骤 ……………………… 56

3.4 综合应用一：制作毕业论文……61
   3.4.1 案例的提出与分析……61
   3.4.2 案例主要知识点……61
   3.4.3 案例实现步骤……61
3.5 综合应用二：求职简历……66
   3.5.1 案例的提出与分析……66
   3.5.2 案例主要知识点……66
   3.5.3 案例实现步骤……66
3.6 本章小结……74
3.7 思考和练习……74

## 第4章 电子表格处理软件Excel 2016……77

4.1 Excel概述……77
   4.1.1 Excel介绍……77
   4.1.2 Excel中的基本概念……77
   4.1.3 Excel启动和退出方法……79
4.2 工作簿的创建与工作表的编辑……80
   4.2.1 案例的提出与分析……80
   4.2.2 案例主要知识点……80
   4.2.3 案例实现步骤……80
4.3 工作表的格式设置……83
   4.3.1 案例的提出与分析……83
   4.3.2 案例主要知识点……83
   4.3.3 案例实现步骤……83
4.4 函数与公式应用……88
   4.4.1 函数与公式……88
   4.4.2 案例的需求与分析……89
   4.4.3 案例主要知识点……89
   4.4.4 案例实现步骤……90
4.5 数据管理与图表生成……93
   4.5.1 案例的需求与分析……93
   4.5.2 案例主要知识点……93
   4.5.3 案例实现步骤……94
4.6 本章小结……101
4.7 思考和练习……101

## 第5章 演示文稿制作软件 PowerPoint 2016……107

5.1 PowerPoint 2016的基本操作……107
   5.1.1 PowerPoint 2016的操作界面……107
   5.1.2 演示文稿的创建、保存以及母版的使用……109
5.2 制作演示文稿……111
   5.2.1 演示文稿的基本操作……111
   5.2.2 演示文稿动画设置与放映……116
5.3 综合应用一：制作一个暗效果封面……122
   5.3.1 案例的提出与分析……122
   5.3.2 案例主要知识点……122
   5.3.3 案例实现步骤……122
5.4 综合应用二：使用PowerPoint抠图……125
   5.4.1 案例的提出与分析……125
   5.4.2 案例主要知识点……125
   5.4.3 案例实现步骤……125
5.5 本章小结……130
5.6 思考和练习……130

## 第6章 数据库管理软件Access 2016……133

6.1 Access 2016的基本操作……133
   6.1.1 数据库基础知识……133
   6.1.2 Access的基本操作……136
6.2 综合应用……144
   6.2.1 案例的提出与分析……144
   6.2.2 案例主要知识点……144
   6.2.3 案例实现步骤……144
6.3 本章小结……147
6.4 思考和练习……147

## 第7章 计算机网络基础及应用……151

7.1 计算机网络的产生和发展……151
7.2 计算机网络的组成与功能……154
7.3 计算机网络的分类……159
7.4 计算机网络的硬件组成……161
7.5 IP地址与域名系统……166
7.6 接入Internet……171
7.7 网络设置及网络测试……173
7.8 家庭无线网络设置……177
7.9 本章小结……182
7.10 思考和练习……182

**第8章 计算机安全基础知识** ·················· 185
  8.1 计算机病毒及其防护 ················ 185
  8.2 计算机网络安全基础知识 ············ 188
  8.3 使用微机的安全防护措施 ············ 190
    8.3.1 案例的提出与分析 ················ 190
    8.3.2 案例主要知识点 ·················· 190
    8.3.3 案例解决方案 ···················· 190
  8.4 本章小结 ·························· 191
  8.5 思考和练习 ························ 192

**参考文献** ································ 195

# 第 1 章 计算机基础知识

本章主要对计算机的发展历程、计算机中的数制表示、计算机系统组成等内容进行介绍。分别从硬件层面和软件层面对计算机的基本原理和相关软件开发等知识进行讲解。

**本章的学习目标：**
- 了解计算机的发展、主要特点和计算机应用等
- 了解计算机中常用的数制和编码方法
- 掌握不同数制之间的转换和基本进制运算
- 了解计算机的组成、系统概述和基本工作原理

## 1.1 计算机知识概述

### 1.1.1 计算机的诞生与发展

#### 1. 第一台计算机的诞生

在美国二战时期，由于军事需要，美国宾夕法尼亚大学成功研制出第一台数字计算机，命名为 ENIAC(Electronic Numerical Integrator And Computer，电子数值积分和计算机)。这台计算机重达 30t，占地面积约为 170$m^2$，耗费 18 000 个电子管，耗电达到 140kW，每秒可完成 5 000 次加减法计算，相比同时期的传统手工操作计算机速度提高了约 8 400 倍，ENIAC 的成功研制宣布了整个电子计算机时代的到来。

#### 2. 电子计算机的发展

自第一台计算机诞生以来，根据计算机中采用的电子器件不同，计算机的发展大体可以被分为四个时代：电子管计算机时代、晶体管计算机时代、中小规模集成电路计算机时代和大规模及超大规模集成电路计算机时代。

1) 第一代电子管计算机

时期为 1945 年至 1958 年，主要采用电子管作为其重要组成部件，因此这代计算机被称为电子管计算机。这代计算机体积较大，运算速度较低，能够存储的容量有限，而且价格昂贵，

且容易发生故障,不方便移动。这代计算机当时主要被科研部门使用,主要用于简单的科学计算。

### 2) 第二代晶体管计算机

时期为1959年至1964年,主要采用较大的晶体管元器件,这代计算机被称为晶体管计算机,运行速度比上一代计算机提高了接近百倍,其软件方面开始使用计算机高级语言,出现了较为复杂的程序,体积较上代计算机缩小至原来的几十分之一。这代计算机不仅仅用于科学计算,还能够用于常用数据处理和部分工业控制。

### 3) 第三代中小规模集成电路计算机

时期为1695年至1970年,此时的计算机大多采用中小规模集成电路,因此这代计算机被称为中小规模集成电路计算机。此时开始出现了操作系统,推动了计算机的使用范围,计算机被用于自动控制、计算机通信和生产控制管理等。

### 4) 第四代大规模及超大规模集成电路计算机

时期为1971年至今,此时的计算机基本采用了大规模集成电路或超大规模集成电路,因此,此时的计算机被称为大规模及超大规模集成电路计算机。这一时期计算机的使用软件也越来越丰富,开始出现了数据库系统、可扩充语言、网络软件等。这一时期计算机的使用性能和推广度得到了大幅度提高,体积变得更小,更方便移动,功耗更低,此时的计算机应用已经渗透到日常生产生活领域。

### 3. 新一代计算机和微型计算机的发展

时期为1980年至今,世界发达国家相继开展了新一代计算机的研制工作。此时的计算机将信息采集、信息存储、信息处理、计算机通信和人工智能都结合在了一起,主要功能从处理数据信息为主,转向为处理知识信息等,并在计算机中融入推理、联想、学习等功能,尤其是大数据和人工智能技术的提高,推动了计算机开始帮助人类探索未知的信息领域和获得相关新知识等。

### 4. 计算机的分类

(1) 若按照计算机的专业用途来划分,可分为通用计算机和专用计算机。
(2) 若按照计算机的机器字长来划分,可分为8位、16位、32位和64位计算机。
(3) 若按照计算机的功能、规模和性能指标来区分,具体划分如下。

**超级计算机:** 运算速度在每秒数千亿次以上,有专门为特殊用途的用户(如国防、气象部门等)研制开发的计算机系统。涉及超级计算机的公司主要有美国的Cray公司、日本的富士通公司和日立公司等,我国自行研制的超级计算机有银河Ⅰ号、银河Ⅱ号、天河Ⅰ号、天河Ⅱ号等。

**中大型机:** 指运算速度在每秒几千万次或亿次左右的计算机。

**小型机:** 指在中大型机的基础上,经过小型化而形成的计算机系统。小型机的运算速度通常在每秒几百万次左右。

**工作站:** 在小型机流行之时,还有另外一类计算机很受欢迎,这便是"工作站",工作站有明显的特征,使用高分辨率显示器,具有大容量的内外存储器,常被用于计算机图像处理、软件工程处理等。

**微型机也称为个人计算机**：微型计算机是目前应用最广泛的机型。

5. 计算机的发展趋势

随着超大规模集成电路技术的不断发展以及计算机应用领域的不断扩展，计算机的发展表现出了巨型化、微型化、网络化和智能化4种趋势。

1) 巨型化

巨型化是指发展高速度、大存储容量和强功能的超级巨型计算机，其运算速度通常在每秒1亿次以上。巨型计算机用途非常广泛，常被用于物理研究、气象研究、航空研究、卫星图像分析等尖端学科，对国民经济的发展和国防建设具有重大的贡献。

2) 微型化

得益于超大规模集成电路技术的不断发展，计算机的体积越来越小，运算器和控制器可以集成在超大规模的电路芯片上，这些技术除了推动微型计算机发展外，笔记本电脑和掌上电脑也得到了普及。

3) 网络化

众多不同地方的计算机，通过通信线路连成规模大、功能强的网络系统，实现了信息的互相传递和资源共享。近几年，互联网的快速发展，已渗透到工业、商业、文化等各个领域，在日常家庭生活中得到了普及，计算机的发展已经离不开网络技术的发展。

4) 智能化

计算机开始具有人类的智慧，常被用于图像识别、语音识别、语义理解等。智能计算机是能够模拟人的感觉、行为和思维的计算机。智能计算机也称新一代计算机，智能计算机发展很快，在重点领域已经得到了突破。

## 1.1.2 计算机的特点

1. 运算速度快

计算机的运算速度是考察计算机性能的重要指标，当今计算机系统的运算速度已达到每秒万亿次，有的计算机处理速度甚至能够达到每秒几百万亿次，使大量复杂的科学计算问题得以解决。

2. 运算精度高

科学技术的发展需要高度精确的计算，数据计算的精度取决于计算机的字长，现在计算机可以有十几位甚至几十位(二进制)的有效数字，计算精度可由千分之几到百万分之几，可以通过增加字长长度来提高计算机的运行速度。

### 3. 强大的存储能力

计算机的存储容量巨大，能够存储大量的数字、文字、图像、多媒体信息等，随着存储容量的不断增大，可存储记忆的信息越来越多。

### 4. 逻辑判断能力

计算机的逻辑判断能力不断提高，能够实现判断、推理、控制、自学等功能，并且能够根据判断结果执行操作，解决复杂问题。

### 5. 工作全自动

计算机内部遵循的操作是按照人们预先编好的程序自动运行的，过程中不需要人员干预，除非计算机需要用人机对话的方式完成部分工作。

### 6. 可靠性高

计算机内部工作都是遵循程序执行的，只要代码运行没有错误，就不需要人工操作和控制，可靠性高。

## 1.1.3 计算机的应用

计算机的应用非常广泛，已经形成了巨大规模的计算机相关产业，在推动技术进步的同时，引发了社会的变革。在我们的日常生活、生产、科研、军事等领域都有其应用的身影，概括起来总结如下。

### 1. 科学计算

科学计算是计算机重要的应用领域，例如人造卫星、导弹、宇宙飞船飞行轨迹的计算，大型水利枢纽、大型桥梁、高层建筑的结构分析计算与仿真，天气预报的数据分析计算，石油勘探、地震信号分析等。计算机技术的快速发展，推动了科学计算的发展。

### 2. 实时控制

实时控制技术指计算机能够实时采集检测数据、实时控制等。例如：常规仪表过程控制，企业的一体化自动控制；太空飞船、航天器的飞行控制和发射控制等技术。

### 3. 信息处理

信息处理是计算机目前最广泛的应用，例如企业生成过程中的生产和库存管理、报表分析，银行电子化信息处理、信息检索、办公自动化等。信息处理技术极大地提高了各行业的工作效率和各方面管理水平。

### 4. 计算机辅助技术

计算机辅助技术包括计算机辅助设计(Computer Aided Design，CAD)、计算机辅助制造(Computer Aided Manufacturing，CAM)、计算机辅助教学(Computer Aided Instruction、CAI)、计

算机辅助测试(Computer Aided Test,CAT)。这些技术能够为汽车、轮船、机械等辅助设计提供模型、数据计算和绘图等功能；能够对生成设备与操作进行控制，代替部分人员操作；能够在计算机教育方面实现教学、科研和管理；能够在计算机测试中完成评价等。

#### 5. 人工智能技术

英国科学家艾兰·图灵(Alan Turing)于1950年提出了"机器能思维"的观点，并设计了著名的检验机器智能的"图灵测试"，还发展了可计算理论，为人工智能的发展奠定了基础。

人工智能技术能够模拟人的思维方式进行思考，能够实现推理、判断等功能，使计算机扩展人类智能，例如模式识别、机器翻译、自然语言理解处理等。

#### 6. 计算机网络相关应用

世界上众多国家和地区都接入了互联网，全球之间的网络形成了互通的信息高速通道，我国在接入全球网络的同时，实现了银行、海关、税务、高校、民航、铁路、政府部门之间的专网联接。世界各地的人们可以通过互联网来传递信息和获取信息，提高了世界各地人员交流的便利性。

## 1.2 计算机的数制和编码

### 1.2.1 计算机常用进制转换和表示法

#### 1. 进位计数的概念

进位计数，指用一组固定的符号和统一的规则来表示数值的方法。传统的常见进制是十进制，也就是通过常说的"逢十进一"来完成数值的表示。常见的进位计数制有以下四种。

1) 二进制(Binary notation)

二进制数的特点：其组成有两个基本的数码0和1，规则是"逢二进一"，二进制的进位基数是2。

设任意一个具有n位整数、m位小数的二进制数B，可表示为：
$$B = B^{n-1} \times 2^{n-1} + B^{n-2} \times 2^{n-2} + \cdots + B^1 \times 2^1 + B^0 \times 2^0 + B^{-1} \times 2^{-1} + \cdots + B^{-m} \times 2^{-m}$$

权是以2为底的幂。

例如：将$(1011.11)_2$按权展开。

解：$(1011.11)_2 = (1 \times 2^3 + 0 \times 2^2 + 1 \times 2^1 + 1 \times 2^0 + 1 \times 2^{-1} + 1 \times 2^{-2})_{10} = (8+0+2+1+0.5+0.25)_{10} = (11.75)_{10}$

二进制不符合人们日常的使用习惯，在日常生活中不怎么应用。但是，计算机内部的数采用二进制表示，其主要原因如下：电路简单，能够由逻辑电路组成；可靠性高，能够简单地表示高低电平状态；运算简单，二进制运算相比其他进制运算简单；逻辑性高，在计算机数制计算的基础上能够执行逻辑运算。

2) 八进制(Octal notation)

八进制的特点：其组成有 8 个数码 0、1、2、3、4、5、6、7，运算规则可以简单总结为"逢八进一"，八进制的进位基数是 8。

例如：将$(425.22)_8$ 按权展开。

解：$(425.22)_8 = 4×8^2+2×8^1+5×8^0+2×8^{-1}+2×8^{-2}=(277.28125)_{10}$

3) 十进制(Decimal notation)

十进制的特点：其组成有 10 个数码 0、1、2、3、4、5、6、7、8、9，运算规则可以简单总结为"逢十进一"，十进制的进位基数是 10。

例如：将$(432.45)_{10}$ 按权展开。

解：$(432.45)_{10}=4×10^2+3×10^1+2×10^0+4×10^{-1}+5×10^{-2}$
$=400+30+2+0.4+0.05$

4) 十六进制(Hexadecimal notation)

十六进制的特点：其组成有 16 个数码 0、1、2、3、4、5、6、7、8、9、A、B、C、D、E、F。16 个数码中的 A、B、C、D、E、F 这 6 个数码，分别代表十进制数中的 10、11、12、13、14、15；运算规则可以简单总结为"逢十六进一"；十六进制的进位基数是 16。

例如：将$(1A5E.4)_{16}$ 按权展开。

解：$(1A5E.8)_{16}=1×16^3+10×16^2+5×16^1+14×16^0+8×16^{-1}=(6750.50)_{10}$

表 1-1 所示是十进制与二进制、八进制和十六进制之间的转换。

表 1-1 十进制与二进制、八进制和十六进制之间的转换

| 十进制 | 二进制 | 八进制 | 十六进制 |
| --- | --- | --- | --- |
| 0 | 0 | 0 | 0 |
| 1 | 1 | 1 | 1 |
| 2 | 10 | 2 | 2 |
| 3 | 11 | 3 | 3 |
| 4 | 100 | 4 | 4 |
| 5 | 101 | 5 | 5 |
| 6 | 110 | 6 | 6 |
| 7 | 111 | 7 | 7 |
| 8 | 1000 | 10 | 8 |
| 9 | 1001 | 11 | 9 |
| 10 | 1010 | 12 | A |
| 11 | 1011 | 13 | B |
| 12 | 1100 | 14 | C |
| 13 | 1101 | 15 | D |
| 14 | 1110 | 16 | E |
| 15 | 1111 | 17 | F |

通常,为了区分不同进制,在设计程序时在数字后用一个英文字母为后缀以示区别。
(1) 十进制数后加 D 或不加,如:45D 或 45。
(2) 二进制数后加 B,如:1011011B。
(3) 八进制数后加 O,如:653O。
(4) 十六进制数后加 H,如:6A78H。

**2. 二进制的运算**

**1) 二进制加法运算规则**

$0+0=0$

$0+1=1$

$1+0=1$

$1+1=10$(逢二进一)

例如:求$(1011)_2+(1011)_2$。

解:　　1 0 1 1
　　＋　1 0 1 1
　　----------------------
　　　 1 0 1 1 0

$(1001)_2+(1011)_2=(10110)_2$

**2) 二进制减法运算规则**

$0-0=0$

$1-0=1$

$1-1=0$

$0-1=1$(借一当二)

例如:求$(11111)_2-(1001)_2$。

解:　　1 1 1 1 1
　　－　　1 0 0 1
　　--------------------
　　　 　1 0 1 1 0

$(11111)_2-(1001)_2=(10110)_2$

**3) 二进制乘法运算法则**

$0\times0=0$

$1\times0=0$

$0\times1=0$

$1\times1=1$

例如:求$(11100)_2\times(1001)_2$。

解:　1 1 1 0 0
　　×　1 0 0 1

```
                    ----------------
                       1 1 1 0 0
                       0 0 0 0 0
                       0 0 0 0 0
                    +  1 1 1 0 0
                    ----------------
                     1 1 1 1 1 1 0 0
```

$(11100)_2 \times (1001)_2 = (11111100)_2$

### 3. 进制之间的转换

**1) 二进制与十进制的转换**

二进制转换为十进制只需按权展开后相加即可得到。

例如：$(10110.11)_2 = 1 \times 2^4 + 0 \times 2^3 + 1 \times 2^2 + 1 \times 2^1 + 0 \times 2^0 + 1 \times 2^{-1} + 1 \times 2^{-2} = (22.75)_{10}$

十进制转换成二进制时，整数部分的转换与小数部分的转换是不同的。

(1) 整数部分：除以 2 取余，逆序排列。将十进制数反复除以 2，直到商是 0 为止，并将每次相除之后所得的余数按次序记下来，第一次相除所得的余数是 $J_0$，最后一次相除所得的余数是 $J_{n-1}$，则 $J_{n-1}$、$J_{n-2}$…$J_2$、$J_1$、$J_0$ 即为转换所得的二进制数。

例如：将十进制数$(157)_{10}$ 转换成二进制数。

解：

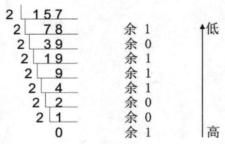

$(157)_{10} = (10011101)_2$

(2) 小数部分：乘 2 取整，顺序排列。将十进制数的纯小数反复乘以 2，直到乘积的小数部分为 0 或小数点后的位数达到精度要求为止。第一次乘以 2 所得的结果是 $J_{-1}$，最后一次乘以 2 所得的结果是 $J_{-m}$，则所得二进制数为 0、$J_{-1}$、$J_{-2}$…$J_{-m}$。

例如：将十进制数$(0.125)_{10}$ 转换成二进制数。

解：

取整数部分

$0.125 \times 2 = 0.25 \cdots\cdots 0 = (J_{-1})$ 高

$0.25 \times 2 = 0.5 \cdots\cdots 0 = (J_{-2})$

$0.5 \times 2 = 1.0 \cdots\cdots 1 = (J_{-3})$ 低

$(0.125)_{10} = (0.001)_2$

例如：将十进制数$(157.125)_{10}$ 转换成二进制数。

解：对于这种既有整数又有小数的十进制数，可以将其整数部分和小数部分分别转换为二进制，然后再组合起来，就是所求的二进制数了。

$(157)_{10} = (10011101)_2$

$(0.125)_{10} = (0.001)_2$

$(157.125)_{10} = (10011101.001)_2$

同理，十进制数转换成八进制数、十六进制数时遵循类似的规则，即整数部分除基取余、反向排列，小数部分乘基取整、顺序排列。

2) 二进制与八进制、十六进制之间的转换

同样数值的二进制数比十进制数占用更多的位数，书写长，容易混淆，为了方便读识，人们就采用八进制和十六进制表示数。由于 $2^3=8$、$2^4=16$，八进制与二进制的关系是 1 位八进制数对应 3 位二进制数，十六进制与二进制的关系是 1 位十六进制数对应 4 位二进制数。

## 1.2.2 计算机的字符编码

### 1. BCD 码

由于人们的使用习惯，日常生活中常见的数制采用十进制计数，计算机在输入和输出时符合人们的使用习惯，也采用十进制数表示。但是，在计算机内部为了方便程序执行，采用二进制计数，把十进制数转换为二进制数形式的编码，称为二-十进制编码，即我们常说的BCD(Binary Coded Decimal)编码。

### 2. ASCII 码

ASCII 码(American Standard Code for Information Interchange)是美国信息交换的标准，该标准总共规定了 128 个符号所对应的数字代号，使用 7 位二进制的位来表示这些数字。其中包含英文的大小写字母、数字、标点符号等常用字符，数字代号从 0 至 127，ASCII 的表示内容如下：

0～31：控制符号　　　32：空格
33～47：常用符号　　 48～57：数字
58～64：符号　　　　 65～90：大写字母
91～96：符号　　　　 97～127：小写字母

### 3. 汉字编码

由于人们的使用习惯，中国人在使用计算机时，需要处理大量的汉字，汉字是图形化文字，字的数目众多，各个笔画之间差异巨大，因此，需要支持多种编码以解决汉字的输入、输出和处理等各种问题。通常，汉字编码的分类主要有国标码、区位码、机内码等。

1) 国标码

为了用 0、1 代码串表示汉字，适应计算机信息处理技术发展的需要，1980 年我国颁布了《信息交换用汉字编码字符集基本集》(国家标准代号为 GB2312-80)，简称国标码。共收集了汉

字、字母、数字和符号各种字符合计7445个,其中汉字6763个。在此标准中,每个汉字采用两个字节来表示,这两个字节的最高位都为0。

### 2) 区位码

用二进制的国标码来表示汉字很不方便,因此一般用其十进制的区位码表示。区(行)、位(列)各94(1~94),用先区后位的双两位十进制数表示,不足两位前面补0。

### 3) 机内码

计算机系统中用来表示中文或西文的代码称为机内码,简称内码。现在我国都用国标码(GB2312)作为机内码。通常情况下,机内码用两个字节表示一个汉字,两个字节的最高位都为1。

### 4) 汉字的字形码

汉字在计算机内部采用机内码,在输出时要转换为字形码。每一个汉字都对应字的模型,简称为字模。字模存储在计算机内部就形成了字模库,简称为字库。当计算机需要输出汉字时,需要根据内码找到字库中对应的字模,再根据字模对应输出相应的汉字。

字模将每一个汉字以点阵形式存储在记录介质上,有点的地方为1,空白的地方为0。如"杭"字在16×16点阵(如图1-1)中的字形码是0001000010000、0001000001000000、…、0001000000000000。每一行为16位,共16行组成一个汉字的字形码,需要二进制位16×16共256位,等于32字节。点阵还可有24×24、48×48等不同形式,规模越大,每个汉字存储的字节数就越多,字库也就越庞大;但字形分辨率就越好,字形也越美观。

图1-1 字形码

不同字体的汉字拥有不同的字库,例如,宋体、仿宋体、楷体各对应不同的字库。通常情况下,计算机将汉字信息的处理系统放在磁盘上,使用汉字时,将全部或部分调入内存,通过特定的软件实现从汉字机内码转换成对应的汉字字模点阵码的地址,输出相应的字形码。

## 1.3 计算机系统组成及基本工作原理

### 1.3.1 计算机系统概述

计算机系统由硬件系统和软件系统构成。计算机的硬件系统是构成计算机系统的各种物理设备的总称;软件系统是为了更好地运行、管理、维护计算机而编写的程序及文档。

计算机系统的层次结构如图1-2所示。

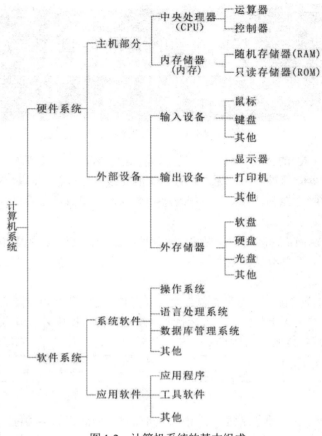

图 1-2　计算机系统的基本组成

### 1. 计算机硬件系统的组成

计算机的硬件系统主要包括如下几部分。

(1) 主板。主机是计算机系统的重要核心，主机由中央处理器(CPU)和内存储器组成，用来执行程序、处理数据，主机芯片都安装在一块电路板上，这块电路板称为主机板(主板)。主板是微型计算机系统的主体和控制中心，它几乎集合了全部系统的功能，控制着各部分之间的指令流和数据流，为了方便外围设备的连接，主板上安装和预留了多个接口插槽，同时也是各部件之间数据传输的逻辑电路连接的物理通路。

(2) 中央处理器。中央处理器又称为 CPU(Central Processing Unit)，它是计算机的核心部件，是计算机的心脏，CPU 性能的高低直接决定了计算机系统运行的快慢程度。

(3) 存储器。存储器分为内存储器和外存储器，主要用来存放程序和存储数据。存储器的读取操作是从存储器中读取信息、运行相应程序，这些操作称为存储器的读取操作；把信息写入存储器、修改和删除原有信息的操作，称为存储器的写入操作。

① 内存储器(内存)。内存的外观如图 1-3 所示。

图 1-3　内存的外观

　　a. 只读存储器(ROM)的特点：存储的信息只能执行读取操作，不能执行写入修改等操作，其信息在制作该存储器时就被写入，无法执行后续的修改；这种存储器断电后信息不会丢失。用途：一般用于存放固定控制计算机的系统程序和数据，不能执行后续修改操作，否则影响计算机的正常使用。

　　b. 随机存储器(RAM)的特点：这种存储器既可以读，也可以写；如果电量供应断掉后，信息会随之丢失。用途：这种存储器用于存放临时程序和数据，计算机再次启动后这部分信息会丢失。

　　c. 高速缓冲存储器(Cache)：这种存储器是指在 CPU 与内存之间设置的一级或二级高速小容量存储器，被固化在主板上。当计算机运行时，系统先将数据由外存读入 RAM，再由 RAM 读入 Cache，然后 CPU 直接可以从 Cache 中取出数据进行各种操作，如图 1-4 所示。

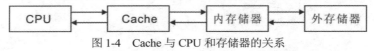

图 1-4　Cache 与 CPU 和存储器的关系

　　② 外存储器(外存)。这种存储器一般用来存储需要长期保存的各种程序和数据。这种存储器不能被 CPU 直接访问，需要先调入内存才能被 CPU 操作利用。外存与内存相比，外存存储容量相对较大，但运行速度较慢。图 1-5、图 1-6 所示为硬盘外观及其结构示意图。

图 1-5　硬盘外观图

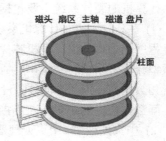

图 1-6　硬盘结构示意图

　　(4) 输入与输出设备。通常情况下，输入与输出设备包括键盘、鼠标、显示器等，也包括打印机、显示器、投影仪和摄像头等，如图 1-7 所示。

第 1 章　计算机基础知识

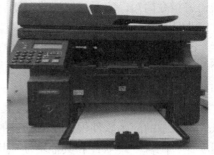

(a) 键盘和鼠标　　　　　　　　　(b) 激光打印机

图 1-7　部分输入与输出设备

(5) 总线和接口。

① 总线。总线(Bus)是计算机中传输信息的公共通路。在总线上一次能够同时传输的信息二进制位数，被称为总线的宽度。CPU 是由若干基本部件组成的，这些部件之间连接的总线被称为内部总线，连接系统各部件间的总线称为外部总线，即系统总线。按照总线上传输信息的不同，总线通常可以分为数据总线(DB)、地址总线(AB)和控制总线(CB)。

② 接口。不同的外部设备与主机相连都必须根据不同的电气标准和机械标准，采用不同的接口来实现各个部件之间的连接。主机与外部设备之间通过两种接口传输信息，即串行接口和并行接口。串行接口中较为常见的是鼠标接口，并行接口中较为常见的是打印机接口。串行接口按机器字的二进制位传输，传输速度较慢，但串行传输的准确率高；并行接口一次可以同时传送若干二进制位的信息，传送速度比串行接口快，但器材投入较多，准确率不如串行传输高。

**2．计算机的软件系统组成**

计算机软件由相关程序和有关文档组成，通常计算机软件系统分为系统软件和应用软件两大类。

(1) 系统软件。

① 操作系统。操作系统是对计算机内部的软件和硬件资源整体调度和管理的大型程序，其他软件只能在操作系统的支持下才能运行，因此，可以说操作系统是软件系统运行的核心。

操作系统有很多种，按照功能和特性可以简单概括为批处理操作系统、分时处理操作系统、实时处理操作系统、网络操作系统等，按照所管理用户的多少又可分为单用户操作系统和多用户操作系统。常见的微机操作系统有 DOS、Windows 95、Windows 98、Windows XP 等，到目前还有 Windows 7、Windows 8 和 Windows 10 等操作系统，网络操作系统包括 UNIX、Linux、Win NT 等。

② 计算机语言处理系统。计算机语言处理系统通常可以分为机器语言、汇编语言和高级语言。

a. 机器语言(Machine Language)在计算机内部用二进制代码指令来表示各种数据和指令。用机器语言编写的程序称为机器语言程序。机器语言能够被计算机直接识别，优点是不需要翻译，可以直接被计算机理解执行，占用内存少，执行速度快；缺点是难以编写、难以修改和不易移植。

b. 汇编语言是将计算机的机器语言中的指令用便于记忆的符号表示出来的一种语言，比机

13

器语言指令简短,容易记忆。这种语言不能被计算机直接识别执行,必须汇编成机器语言程序才能为计算机所理解和执行。机器语言和汇编语言是面向机器的,所以被称为低级语言。

c. 高级语言是一种更接近于自然语言和数学语言的程序设计语言,这种语言接近日常用语,对机器的依赖较低。高级语言的优点是命令接近人类的读写和记忆习惯,相比汇编语言更加直观,易于编写和修改等。

(2) 应用软件。应用软件是针对某个具体的应用而开发的特定程序,用于实现特定的功能。软件系统中的应用软件根据使用的目的不同,可以分为文字处理软件、电子表格软件、信息管理软件、图像处理软件和其他辅助应用软件等。

### 1.3.2 计算机的工作原理

计算机的工作原理即"存储程序"原理,它是由美籍匈牙利数学家冯·诺依曼于 1946 年首先提出的。他将计算机的工作原理总结为:编好的程序和原始数据,输入并存储在计算机的存储器中,按照程序逐条取出指令加以分析,执行指令规定的操作。虽然现在计算机设计和技术有了很大的发展,但是基本结构和思想仍然采用冯·诺依曼体系结构,计算机的工作原理如图 1-8 所示。

图 1-8 计算机的工作原理

## 1.4 计算机配置

### 1.4.1 案例的提出与分析

新入职的小王由于工作需要配置一台工作用的计算机,对于用户来说,首先要确定这台计算机的用途是什么,是简单工作还是需要高性能运行程序;其次要确定这台计算机的预算是多少,确定了预算后,就能够根据计算机的组成重点分析 CPU、主板、硬盘和内存条这种凸显计算机性能的设备;最后就是考虑显示器、键盘、具体机箱型号等。如果是简单工作使用的计算机,对计算机的性能要求不高,费用相对较低;如果是高性能运行程序,尤其是需要使用图像处理加速设备等,对计算机的显卡和内存要求较高,费用也相对较高。所以,在配置计算机时,一定要根据自己的具体用途和预算进行分析。

另外,要考虑购买的计算机是台式机、笔记本电脑还是超级本。台式机的价格相对低廉,可扩展性强，整体性能优异，但是不方便携带；笔记本电脑方便携带，综合了性能和易于携带的优点，价格较高；超级本体积更小，重量更轻，有些超级本甚至是碳纤维构成的，价格高昂。所以，在采购计算机时，需要将是否有携带需求考虑在内。

通常情况下，在购买台式机时，不少用户面临着选择问题：是选择有品牌的成品机器，还是选择自己组装机器。品牌计算机有着良好的售后服务，安装简单，购买回来可以直接使用，后期不用担心质量问题，品牌计算机本身性能稳定。自己组装的机器适用于了解计算机组成原理的用户，能够根据自己的具体用途，选择更有侧重点的配置。同样配置的情况下，品牌计算机价格更加高昂，用户在采购时需要结合自身情况来购买。

### 1.4.2 案例主要知识点

#### 1. CPU 的选择

通常情况下，市场上在售的处理器有英特尔和 AMD 两家公司，英特尔公司的处理器性能稳定，价格较贵，AMD 公司的处理器性价比高。

#### 2. 显卡需求

显卡主要用于图形加速，市场上在售的显卡有英特尔、AMD 和英伟达三家公司。英特尔和 AMD 公司的显卡能够基本满足家用需求，英伟达公司的显卡能够支持大型游戏、3D 渲染，性能强劲。

#### 3. 显示屏幕要求

市场上主流的屏幕有 IPS 屏幕和 TN 屏幕，一般来说，IPS 屏幕的显示观感相比 TN 屏幕的观感更好些。

#### 4. 硬盘的选择

现有硬盘主要分为固态硬盘和机械硬盘。固态硬盘价格高昂，运行速度快；机械硬盘价格相对较低，缺点是读写速度较慢。有些用户在配置硬盘时，机械硬盘和固态硬盘结合使用，固态硬盘用于系统和软件加载，速度快；机械硬盘用于数据存储，容量大，价格低。

#### 5. 内存的选择

提高内存，可以明显提升计算机的处理速度，双通道加速效果更明显。有些笔记本电脑为了轻薄，内存直接焊在主板上，不方便用户后期升级和更换。

#### 6. 接口要求

支持多少 USB 接口，视频传输接口是 VGA 还是 HDMI 高清接口，光驱是否有必要保留等。

### 1.4.3 案例实现步骤

小王作为工程的研发人员，在配置计算机时确定了具体的用途，主要用于数据建模和数据图像可视化，对计算机的计算、图形处理、存储等性能要求较高，对计算机的便携性没有要求。

因此，小王在结合预算的情况下，选择了稳定的品牌台式机，具体配置清单如下。

  CPU：英特尔酷睿 i7-8700k 处理器
  显卡：独立显卡，NVIDIA GTX1080 (8GB GDDR5X)
  硬盘：2TB 机械硬盘，512GB 固态硬盘
  光驱：DVD 光驱
  USB 接口：8 个
  音频接口：2 个
  读卡器：支持
  视频接口：HDMI 高清接口
  网线接口：RJ45

## 1.5 本章小结

本章从计算机的发展历史、具体特点和常见应用对前期预备知识做了介绍，对计算机的数制和编码进行了讲解，尤其是对计算机常用进制之间的转换和计算机字符编码做了详细介绍，最后，对计算机的系统组成和工作原理展开了描述。通过本章的学习，读者能够对计算机有较为全面的理解，为继续其他章节的学习打下基础。

## 1.6 思考和练习

**1. 填空题**

(1) 计算机发展的四个时代具体为：_____、_____、_____、_____。
(2) 检验机器智能与否的测试是：_____。
(3) 计算机的硬件系统包括_____和_____。其中外部设备主要包含_____、_____和_____。

**2. 简答题**

(1) 结合日常电子设备，举例常用的输出设备。
(2) 简述冯·诺依曼原理。

**3. 分析题**

×××高校由于学生实验需要拟斥资 60 万元建设智能网络舆情实验室，学生上机规模是 120 人。计算机的用途是对校园网内现有舆情进行监测，对舆情预警并实施舆情引导等，需要数据可视化，对数据处理和图像处理要求较高。请根据这所高校的具体预算、学生上机规模和用途，列出实验室建设中计算机所需具体配置清单和对应价格。

# 第 2 章
# Windows操作系统

通过本章的学习，读者可以了解计算机操作系统的基本概念和功能分类，掌握 Windows 7 操作系统的安装过程、基本设置、基本操作，文件和文件夹的创建、复制、移动、删除，以及文件的显示和查找等操作。

**本章的学习目标：**
- 了解计算机操作系统的各项基本功能和分类特点
- 熟练掌握操作系统的安装过程
- 熟练掌握操作系统窗口的使用方法
- 熟练掌握文件及文件夹的创建、显示，文件的查找等各种操作

## 2.1 操作系统概述

### 2.1.1 操作系统的概念

操作系统是计算机系统的核心，是支撑各类应用程序最基本的系统软件，为用户和计算机、计算机硬件和其他软件交互提供接口。操作系统的功能包括管理计算机的硬件、软件及数据资源，控制程序运行，让计算机系统所有资源最大限度发挥作用。典型的操作系统有 DOS、Windows、UNIX、Linux、Mac OS。按照操作系统的功能进行分类，可以分为批处理操作系统、分时操作系统、实时操作系统、单用户操作系统、网络操作系统和分布式操作系统等。

### 2.1.2 操作系统的管理功能和作用

**1. 操作系统的管理功能**

从资源管理的角度看，操作系统主要有以下 5 大功能：

(1) 处理机管理。处理机提供如下功能：根据任务请求分配不同的处理机时间进行处理，调度不同的程序并对运行进行记录，在用户和程序之间建立联系，解决程序在运行过程中发生的冲突。

(2) 存储器管理。存储器是存放程序和数据的设备，存储器的容量越大越好，工作速度越

快越好。当不同的程序同时运行时,需要采用一定的方法对不同程序分配内存空间,对存储器的管理将影响存储器的利用率和系统的性能。

(3) 作业管理。作业管理指操作系统根据用户请求而完成的工作任务,一个作业通常为一项工作任务,通过作业管理解决计算机分配给哪个用户使用和如何使用的问题。

(4) 信息管理。有时也称为文件管理,文件是操作系统管理的基本单位,信息管理的主要功能包括:对文件进行分类,将各种信息与用户进行联系,使信息的逻辑结构与辅助存储器进行对应。

(5) 设备管理。用于管理计算机系统中的外围设备,主要任务是:处理用户进程提出的请求,为用户进程分配所需外围设备,提高 CPU 和外围设备的利用率。

### 2. 操作系统的作用

操作系统的主要作用从不同的角度体现在以下方面:对处理器、存储器、设备、文件进行管理,使各种资源进行合理分配和调度;为用户提供接口,用户只需进行简单操作,系统便能为用户提供复杂处理。

## 2.1.3 操作系统的分类及特点

根据用户界面的使用环境和功能特征的不同,操作系统一般可分为五种基本类型:

### 1. 批处理操作系统

批处理操作系统早期用在大型机上,目前已不多见。将一批作业提交给操作系统后就不再干预,由操作系统自动运行,各个作业同时使用各自的外围设备,提高了系统的资源使用效率。其特点是对用户作业成批处理。

### 2. 分时操作系统

分时操作系统将 CPU 的时间划分为时间片,轮流接受各个用户从终端输入的命令。由于计算机的处理速度很快,用户感觉这台计算机专为自己服务一样。其主要特点是:交互性、及时性、独立性和多路性。

### 3. 实时操作系统

实时操作系统是系统能在规定的时间内对输入信息进行处理,及时响应外部事件的请求,做出反应或进行控制。其主要特点是:及时性和可靠性。

### 4. 网络操作系统

网络操作系统对计算机网络中多台计算机的硬件和软件进行管理,提供网络通信、网络资源共享及网络服务等功能。其主要特点是:网络资源共享和网络通信。

### 5. 分布式操作系统

分布式操作系统是通过网络把多台计算机连接在一起,系统中计算机之间通过远程调用交换信息，一个程序可以分布在几台计算机上并行运行，协作完成一个共同任务。其主要特点是：分布性和并行性。

## 2.2 Windows 常用版本简介

### 2.2.1 Windows 常用版本介绍

**1. Windows 7**

Windows 7 是由微软公司于 2009 年发布的操作系统，可供家庭及办公环境中台式机、笔记本电脑、平板电脑等使用。相比于以前的 Windows 操作系统，Windows 7 进行了重大变革，主要体现在用户个性化、娱乐视听、应用服务、用户易用性等方面的设计，以及笔记本电脑的特有设计。

Windows 7 主要对以下方面进行了改进：
- 系统服务数量进一步减少。
- 系统服务对 CPU、磁盘和内存资源的需求进一步减少。
- 驱动程序初始化的并行度(可同时安装多个驱动程序)进一步提升。
- 针对传统硬盘和 SSD 硬盘优化的预取速度进一步加快。

Windows 7 还有很多其他的新增、改进功能，在这里不再一一介绍。

**2. Windows 10**

Windows 10是美国微软公司研发的跨平台及设备应用的操作系统，是微软发布的最后一个独立Windows版本。2015年7月，微软发布Windows 10正式版。Windows 10共有7个发行版本，分别面向不同的用户和设备。

Windows 10操作系统在易用性和安全性方面有了极大的提升，对云服务、智能移动设备、自然人机交互等新技术进行了融合，对固态硬盘、生物识别、高分辨率屏幕等硬件进行了优化完善与支持。

### 2.2.2 Windows 的版本选择

**1. 版本分类**

1) Windows 7

微软公司提供多个不同的 Windows 7 版本来供用户选择(图 2-1)。每个 Windows 7 版本都包含其较低版本的所有功能。

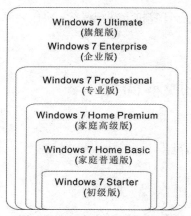

图 2-1　Windows 7 的常见版本

**2) Windows 10**

Windows 10 操作系统版本包括：Windows 10 家庭版、Windows 10 专业版、Windows 10 企业版、Windows 10 教育版、Windows 10 移动版、Windows 10 移动企业版、Windows 10 专业工作站版以及 Windows 10 物联网版。

**2. 操作系统版本选择**

**1) Windows 7**

如果根据客户的需求推荐不同版本的操作系统，需考虑计算机处理器、应用环境、界面语言、安全及共享等需求，具体过程如图 2-2 与图 2-3 所示。

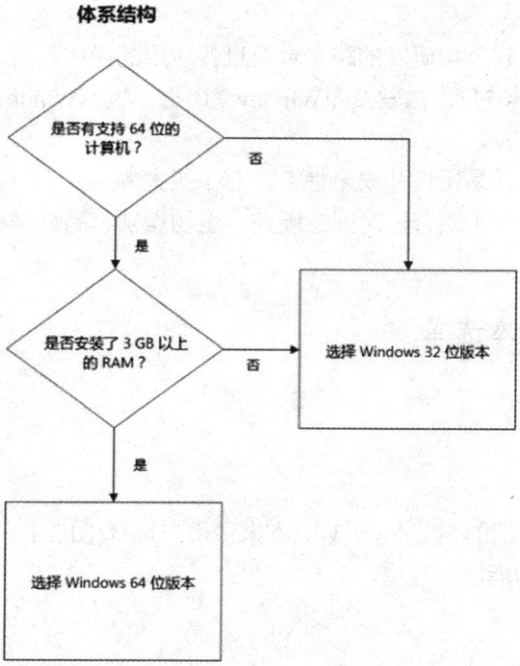

图 2-2　X64 与 X86(32 位)的选择

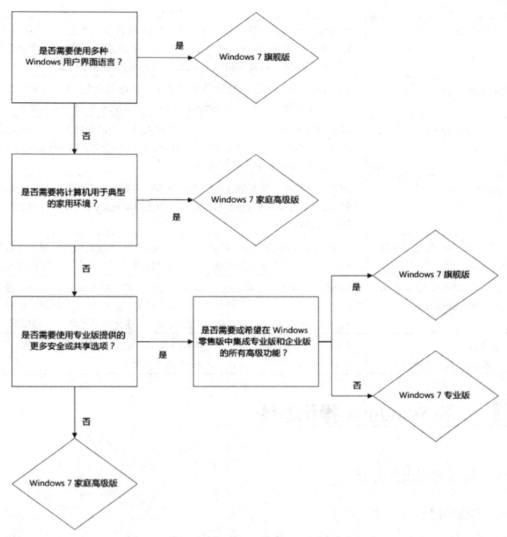

图 2-3　Windows 7 版本的选择方法

## 2) Windows 10

对于 Windows 10 操作系统的选择可参照 Windows 7，同时可参照表 2-1 根据功能需求选择 Windows 10 的版本。

表 2-1　Windows 10 各版本功能

| 版本 | 功能 |
| --- | --- |
| 家庭版(Home) | Windows 10 家庭版系统中包括全新的 Windows 10 应用商店、新一代 Edge 浏览器、Cortana 小娜助理、Continuum 平板模式以及 Windows Hello 生物识别功能等 |

(续表)

| 版本 | 功能 |
|---|---|
| 专业版(Professional) | Windows 10 专业版除了以上拥有 Windows 10 家庭版所包含的应用以外，还内置了一系列 Windows 10 增强的技术。如组策略、Bitlocker 驱动器加密、域名连接，以及全新的 Windows Update for Business 服务 |
| 企业版(Enterprise) | Windows 10 企业版主要面向大中型企业，针对企业用户增加了相应的功能，如部署和管理 PC、Windows To Go、虚拟化和先进的安全性等功能 |
| 教育版(Education) | 以企业版为基础，面向学校职员、管理人员、教师和学生。它将通过面向教育机构的批量许可计划提供给客户，学校将能够升级 Windows 10 家庭版和 Windows 10 专业版设备 |
| 移动版(Mobile) | 面向尺寸较小、配置触控屏的移动设备，例如智能手机和小尺寸平板电脑，集成有与 Windows 10 家庭版相同的通用 Windows 应用和针对触控操作优化的 Office |
| 移动企业版 (Mobile Enterprise) | 以 Windows 10 移动版为基础，面向企业用户。它将提供给批量许可客户使用，增添了企业管理更新，以及及时获得更新和安全补丁软件的方式 |
| 专业工作站版(Windows 10 Pro for Workstations) | Windows 10 Pro for Workstations 包括了许多普通版 Windows 10 Pro 没有的内容，着重优化了多核处理以及大文件处理，面向大企业用户以及真正的"专业"用户，如 ReFS 文件系统、高速文件共享和工作站模式 |
| 物联网版 (Windows 10 IoT Core) | 面向小型低价设备，主要针对物联网设备。目前已支持树莓派2 代/3 代，Dragonboard 410c，MinnowBoard MAX 及 Intel Joule |

## 2.3 安装 Windows 操作系统

### 2.3.1 案例的提出与分析

**1. 案例的提出**

王刚同学通过反复对比，从市场上买回爱机，但爱机如果未预装操作系统，是不能运行的，由于王刚没有安装过操作系统，因怕弄坏了电脑不敢自己安装，只好请擅长电脑操作的学长帮忙。

**2. 案例的分析**

参照此电脑硬件配置及王刚同学的具体需求情况，学长做出的解析是：将 BIOS 参数的第一启动调整为 USB HDD 启动；然后制作 U 盘启动盘，用 GhostWin7_X64_V2013 旗舰版系统安装，并在此系统内对硬盘进行分区格式化。

用户可预先在百度上搜索虚拟机软件 VMware Workstation 9.0，找到下载网站再下载到本地硬盘；下载深度 GhostWin7_X64_V2013 旗舰版系统 ISO 镜像文件，然后将该 ISO 镜像文件复制到 U 盘启动盘。

教师在讲授本节时可在已安装好 Windows 7 系统的多媒体教室计算机里先安装虚拟机软件 VMware Workstation 9.0 英文版，再在虚拟机预置的分区空间里模拟安装 GhostWin7_X64_V2013 旗舰版系统。

### 2.3.2 案例主要知识点

(1) BIOS 参数设置。
(2) Windows 7 系统的安装过程。

### 2.3.3 案例实现步骤

(1) 下载并安装 U 盘启动大师(如图 2-4 所示)。

图 2-4　安装 U 盘启动大师

(2) 启动 U 盘启动大师，单击"一键制作"，开始制作 U 盘启动盘，如图 2-5 所示。

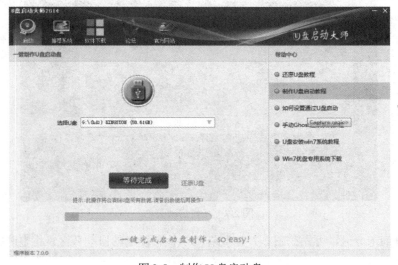

图 2-5　制作 U 盘启动盘

(3) 待显示 U 盘启动盘制作完成，单击"确定"按钮，完成 U 盘启动盘制作(如图 2-6 所示)。

图 2-6　完成 U 盘启动盘制作

通过 U 盘安装操作系统的步骤如下：

第 1 步：进入电脑 BIOS，设置 U 盘启动为第一启动项。

重启电脑，按 Delete 键进入 BIOS，找到 Advanced Bios Features(高级 BIOS 参数设置)按回车键进入 Advanced Bios Features(高级 BIOS 参数设置)界面。

First Boot Device：开机启动项 1 。
Second Boot Device：开机启动项 2。
Third Boot Device：开机启动项 3。

正常设置如下：

First Boot Device 设为 HDD-0(硬盘启动)。
Second Boot Device 设为 CD-ROM(光驱启动)。

当重装系统需从 U 盘启动时，按 Delete 键进入 BIOS 设置，找到 First Boot Device，将其设为 USB HDD(U 盘启动)，保存并退出。

第 2 步：硬盘分区。

设置好 U 盘启动后，插入复制有 GhostWin7_X64_V2013 旗舰版的启动 U 盘。再重启电脑，根据提示启动菜单安装 GhostWin7_X64_V2013，出现如下菜单(如图 2-7 所示)。

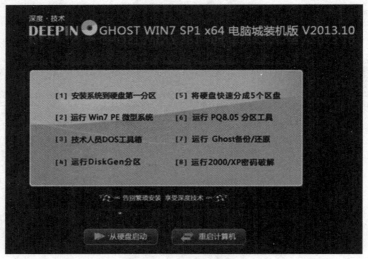

图 2-7　光盘启动菜单

如果硬盘尚未分区，可先在图 2-7 中选择"5"执行硬盘的自动分区，将电脑的新硬盘自动分为 5 个分区。

第 3 步：系统安装流程。

分区完毕后重启机器，再在图 2-7 中按"1"选择安装系统到硬盘第一分区，系统开始恢复系统文件到 C 盘，如图 2-8 所示。

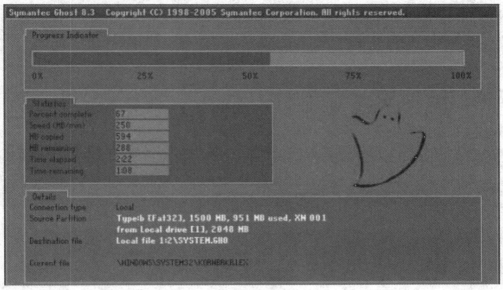

图 2-8　恢复系统文件界面

待上图中 Ghost 恢复全部完成后重启电脑，按 Delete 键进入 BIOS 设置，找到 First Boot Device，将其设回 HDD-0(硬盘启动)，现在系统将从硬盘启动，进入自动复制系统过程，如图 2-9 所示。

图 2-9　自动复制系统过程

5~10分钟后系统会自动安装结束并自动重启,直至进入系统。Windows 7系统完全启动后的桌面如图2-10所示。

图2-10　Windows 7启动后的桌面

至此,从U盘安装GhostWin7系统完毕。

## 2.4　设置Windows系统

### 2.4.1　案例的提出与分析

**1. 案例的提出**

操作系统安装完成后,还需要对系统进行一些设置,使系统应用更便捷,使用一段时间后,还需对系统进行一些优化,以使系统运行更加稳定、快速。

**2. 案例的分析**

系统安装后,为便于使用需要对输入法等进行设置,系统运行一段时间后,需要对磁盘碎片进行整理,以提高系统性能,最后需安装一键还原软件做好系统备份,在需要时可还原系统。

### 2.4.2　案例主要知识点

(1) 输入法设置。
(2) 磁盘碎片整理等应用技巧。

## 2.4.3 案例实现步骤

**一、输入法设置**

系统为用户提供了多种输入法,用户可以根据自己的习惯安装适合自己的输入法。具体操作步骤如下:

**1. Windows 7 输入法设置**
(1) 打开"控制面板"。
(2) 双击"区域和语言"选项,打开窗口。
(3) 单击"区域选项"选项卡。
(4) 单击"添加"按钮,在弹出的输入法列表中选择需要添加的输入法,单击"确定"按钮,即可完成对新输入法的安装。
(5) 在"已安装的输入法区域设置"栏内,选择需要删除的输入法,单击"删除"按钮,即可完成对已有输入法的删除。

**2. Windows10 输入法设置**
(1) 在任务栏的语言位置单击,在弹出的界面中单击"语言首选项"。
(2) 进入"语言首选项",单击"高级设置"。
(3) 在"高级设置"下面单击"更改语言栏热键"。
(4) 在输入语言的热键下面选择输入语言后,单击"更改按键顺序"。
(5) 设置快捷键,如 Ctrl+Shift,单击"确定"按钮,完成输入法设置。

**二、磁盘碎片整理**

长时间使用的计算机,经过安装、卸载程序,上网浏览网页等操作,Windows 总是不停地创建、删除、更新磁盘上的文件,磁盘上就会积累越来越多的数据碎片。当磁盘被反复读写一段时间后,文件常被保存在不连续的磁盘空间上,大量的碎片会使计算机读取磁盘的速度减慢,因为每次读写文件时,磁盘的磁头都要来回移动。为了保持系统性能一直处于最佳状态,应该定期整理碎片,磁盘碎片整理程序可以重新排列碎片数据,使得磁盘和驱动器能够更有效地工作。

**1. Windows 7 操作系统的磁盘碎片整理**
(1) 首先确定是否需要对磁盘进行碎片整理,可单击"分析磁盘"按钮。在 Windows 完成磁盘分析后,可以在"上一次运行时间"列中检查磁盘上碎片的百分比,如果碎片高于 10%,建议对磁盘进行碎片整理。
(2) 需要清理时,可以通过计算机自带的工具进行清管理,具体操作如下:打开"控制面板",选择"查看方式"为"类别",单击"系统和安全",在"管理工具"一项中单击"释放磁盘空间"项,打开磁盘清理程序,弹出"磁盘清理"对话框。或者选择"开始"→"所有程序"→"附件"→"系统工具"下的"磁盘清理",弹出"磁盘碎片整理程序"对话框,如图 2-11 所示。选择需要清理的驱动器后,单击"确定"按钮,系统会计算该磁盘上可以释放的空间大小。

图 2-11 "磁盘碎片整理程序"对话框

(3) 在后续弹出的对话框中选中要删除的文件类型的复选框，单击"确定"按钮后，弹出确认是否永久删除这些文件，单击"删除文件"按钮后，将删除这些文件。

**2. Windows10 操作系统的磁盘碎片整理**

(1) 在 Windows10 系统桌面，单击"开始"→"Windows 管理工具"菜单项，如图 2-12 所示。

图 2-12 Windows 管理工具菜单

(2) 在展开的 Windows 管理工具菜单中，选择"碎片整理和优化驱动器"命令，如图 2-13 所示。

28

图 2-13　Windows 10 "碎片整理和优化驱动器"命令

(3) 打开 Windows10 的"优化驱动器"窗口,对磁盘碎片进行管理,如图 2-14 所示。

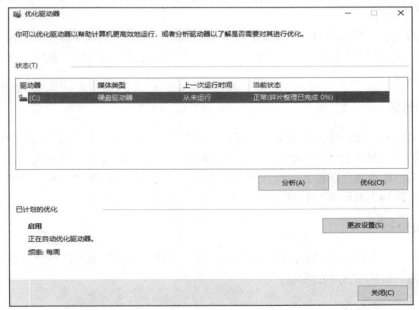

图 2-14　Windows 10 "优化驱动器"窗口

磁盘清理程序属于垃圾文件清除工具,除了系统工具外,如 Windows 优化大师、360 安全卫士、腾讯电脑管家、百度卫士等软件也可删除垃圾文件。

操作系统在删除文件时,只删除文件对应的目录项,文件数据并没有被清除。只要删除文件后，操作系统没有向磁盘中写入新数据，覆盖掉已被删除文件的数据和索引表，就有机会通过一定的技术手段将它们恢复回来。相关软件：Finaldata、DiskGenius 和 EasyRevovery 等。磁盘碎片整理程序的时间取决于磁盘碎片的大小和碎片程序，可能需要几分钟到几小时。

## 2.5 Windows 的基本操作

### 2.5.1 Windows 桌面基本元素

系统启动后屏幕上的整个区域称为"桌面"，用户可通过桌面与系统进行交互，对系统进行操作。

#### 1. 图标

图标是代表文件或程序的小图形，通常按一定顺序排列在桌面，如"我的电脑"等。如果是应用程序的快捷方式，默认在图标的左下角还有一个小白框黑箭头。

#### 2.【开始】按钮

【开始】按钮通常位于桌面底端任务栏的最左边。

#### 3. 任务栏

任务栏为位于桌面底端的一个长条，它显示了系统正在运行的程序和打开的窗口、当前时间等内容。在任务栏空白区域单击鼠标右键，在弹出的快捷菜单中选择"属性"选项，可以对任务栏进行设置。

#### 4. 排列图标

在桌面空白处右击，弹出快捷菜单，选择"查看"选项，观察"自动排列"命令前是否有"√"标记。若有，单击使"√"标记消失，这样就取消了桌面的自动排列方式。这时可以把桌面上的任意图标拖动到任意位置。选择"排序方式"，可进一步选择"名称""大小""项目类型""修改日期"对图标进行排列。

#### 5. 删除图标

选中桌面上的图标，按 Delete 键，或单击右键，选择"删除"命令，在弹出的对话框中单击"是"按钮，可删除选中的图标。

### 2.5.2 Windows 窗口

启动一个应用程序或打开一个文件夹或文件后，通常会在屏幕上弹出一个窗口，基于窗口的设计能够增强用户操作的直观性。操作系统允许同时打开多个窗口，最近操作的窗口称为当前活动窗口。

窗口的基本操作包括：移动窗口和改变窗口的大小、窗口的最大化和最小化、滚动窗口内容、切换窗口、排列窗口。右击任务栏空白处，在弹出的快捷菜单中可以选择窗口的排列方式，如图 2-15、图 2-16 所示。

图 2-15　Windows 7 窗口排列设置菜单　　　图 2-16　Windows 10 窗口排列设置菜单

层叠窗口：右击任务栏空白处，在弹出的快捷菜单中选择"层叠窗口"命令，可以使窗口纵向排列且每个窗口的标题栏均可见，如图 2-17 所示。

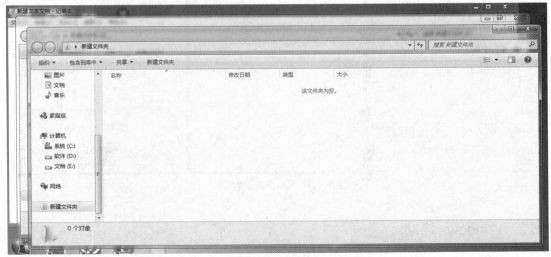

图 2-17　层叠显示窗口

堆叠显示窗口：右击任务栏空白处，在弹出的快捷菜单中选择"堆叠显示窗口"命令，可以使窗口堆叠显示，如图 2-18 所示。

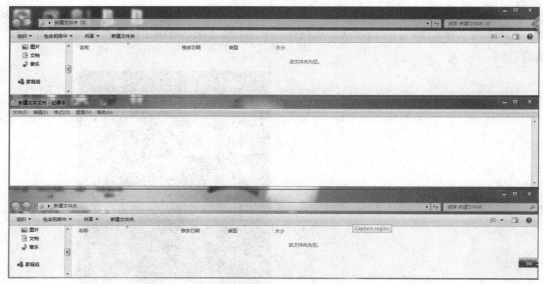

图 2-18 堆叠显示窗口

并排显示窗口：右击任务栏空白处，在弹出的快捷菜单中选择"并排显示窗口"命令，可以使每个打开的窗口都可见，并均匀分布在桌面上，如图2-19所示。

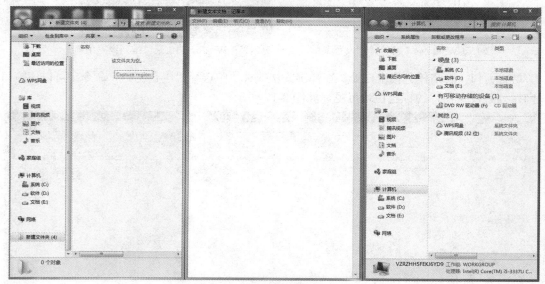

图 2-19 并排显示窗口

### 2.5.3 Windows 启动

计算机主机电源开启后，系统会自动进行硬件检测，启动操作系统并进入用户登录界面，输入正确的用户名和密码才能登录系统。如果计算机只设有一个账户且没有设置密码，则开机后系统会自动登录到桌面。如果用户不再使用计算机，应将其退出。用户可以根据不同的需要选择不同的退出方式，如关机、睡眠、锁定、注销和切换用户等。

操作系统的启动分冷启动和热启动两种。

**1) 冷启动**

冷启动指在未加电的情况下启动操作系统。

方法：主机和显示器接通电源，计算机自检后进入系统。

**2) 热启动**

热启动指计算机系统在通电运行的情况下重新启动。当系统设置、软硬件配置发生改变或软件运行出现故障等情况，通常可以通过热启动方式重新启动计算机。

正常热启动：开始→关闭计算机→重新启动。

运行出现故障时热启动：按 Ctrl+Alt+Delete 键，启动任务管理器，在"应用程序"选项卡中选择"结束任务"。

死机时：直接按主机的 Reset 键，或长按电源键关机后重新启动，这是计算机的非正常启动。

临时锁定计算机：短时间内有事要离开片刻，可以按下 ⊞ +L 键，或按 Ctrl+Alt+Delete 键，选择锁定该计算机，计算机进入锁定状态。临时锁定计算机可以防止非授权用户访问，输入密码才能解锁。

### 2.5.4 键盘知识

**1. 键盘**

键盘是用户与计算机进行信息交互的最重要的输入设备。不同的电脑键盘布局略有不同，总体上键盘可分为主键盘区、功能键区、编辑键区和辅助键区。主键盘区主要功能是输入数据和字符；功能键区在不同的软件中有不同的定义；编辑键区包括插入键、删除键以及作为光标移动的功能键等；辅助键区又称为小键盘区，可用来输入大批数据、算式，如图 2-20 所示，辅助键区通常设在台式机键盘上，部分笔记本电脑因空间受限未设辅助键区。

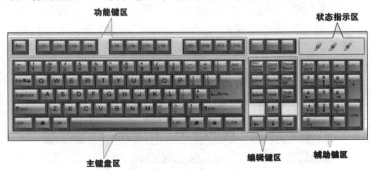

图 2-20　常用键盘结构

熟练使用功能键或组合键可以提高工作效率，主要功能键或组合键的运用如下：

F1：显示当前程序或者 Windows 的帮助内容。

F2：重命名一个文件。

F3：在当前窗口中打开"查找"工具。

F5：刷新当前窗口中的文件或网页。

F11：当打开网页时，隐藏侧边栏。

F12：在编辑好 Excel 或 Word 文档后，按 F12 键可打开"另存为"对话框。

Enter：对于许多选定命令代替单击鼠标。

Windows 键或 Ctrl+Esc：打开"开始"菜单。

Ctrl+Shift+Esc 或 Ctrl+Alt+Delete：打开任务管理器。

Ctrl+A：全选文件夹内的文件。

Ctrl+P：打开"打印"对话框。

Ctrl+S：保存当前操作的文件。

Ctrl+W：关闭当前的窗口。

Ctrl+C：复制被选择的项目到剪贴板。

Ctrl+X：剪切被选择的项目到剪贴板。

Ctrl+V：粘贴剪贴板中的内容到当前位置。

Ctrl+Shift：切换中英文输入法。

Windows 键+D：显示桌面。

Windows 键+E：打开我的电脑。

Windows 键+L：锁定计算机或切换用户。

Windows 键+M：最小化所有窗口。

Windows 键+Shift+M：将最小化的窗口还原到桌面。

Windows 键+R：打开"运行"对话框。

### 2. 键盘的正确操作

键盘作为用户与计算机交互的主要设备，键盘的操作方法是否科学将影响输入效率。可按照基准键位对手指的标准位置要求，反复进行练习，达到盲打的效果。所谓盲打就是操作者只看稿纸不看键盘的输入方法，基准键位位于键盘的第二排，共有八个键。方法是将双手食指定位到 J 键和 F 键，其他手指依次搭在相应的键上，如图 2-21 所示。其中，部分电脑的 F 键和 J 键上分别有一个突起，可帮助操作者通过触摸此键确定基准位，它为盲打提供了方便。

图 2-21　键盘指法

正确的输入姿势不仅可以提高输入速度，而且可以减轻长时间上机操作引起的疲劳：
- 原稿放在电脑左侧，尽量与屏幕同高，身体自然端坐，稍偏于键盘右方。
- 座椅要调节到便于手指操作的高度，两脚平放。
- 两肘自然贴于腋边，手指轻放在基准键上。

## 2.6 文件管理

### 2.6.1 文件和文件夹的管理

文件是系统中各类程序、文档等数据的集合，用户可以对文件进行更改、删除、保存或发送到一个输出设备。文件夹是图形用户界面中存储程序和文件的容器，它是在磁盘上组织程序和文档的一种手段，文件夹中可以包含文件，也可包含其他文件夹。

### 2.6.2 案例的提出与分析

**1. 案例的提出**

目前各个行业的工作均要求工作人员能熟练操作计算机，计算机操作已成为工作的一项基本技能，所以各个专业的学生均应学习计算机操作这门课程。

**2. 案例的分析**

利用 Windows "资源管理器"可以方便地创建文件夹，选定、显示、排列、搜索文件等一系列操作。

### 2.6.3 案例主要知识点

Windows 基本操作技巧(包括新建、选定、排列、搜索)。

### 2.6.4 案例实现步骤

**1. 文件夹的基本操作**

文件夹的基本操作包括文件夹的创建、修改、删除。要创建文件夹，可右击屏幕空白处，从弹出的快捷菜单中选择"新建"→"文件夹"命令，默认文件夹名为"新建文件夹"，选中文件夹后，单击文件夹的名称，文件夹名称将处于修改状态，可输入新的文件夹名对文件夹名称进行修改。选中文件夹，通过 Delete 键可删除文件夹。

**2. 选定文件或文件夹**

按下 Ctrl 键，用鼠标可选择不连续的文件或文件夹，按下 Shift 键，用鼠标可选择连续的文件或文件夹；使用快捷键 Ctrl+A 可选择当前窗口中全部的文件或文件夹。

## 3. 文件显示

在资源管理器中，在左窗格显示文件夹列表，右窗格用于显示在左窗格被选中的当前文件夹内的文件和子文件夹的目录列表。

### 1) 以列表形式显示文件

选定要查看的文件夹，可在"更改您的视图"按钮下拉菜单中选择显示形式，显示形式包括"超大图标""大图标""中等图标""小图标""列表""详细信息""平铺"和"内容"等。

### 2) 文件列表排列方式

打开待排序的文件所在文件夹，可按"名称""修改时间""类型""大小"等排序方式对文件进行排序，如按"修改时间"进行排序，单击"修改时间"按钮，可对文件按照修改时间"递增"或"递减"顺序进行排列。

### 3) 显示文件的扩展名

文件扩展名主要用来标识文件类型。在"文件夹选项"对话框中，将位于"高级设置"选项下"隐藏已知文件类型的扩展名"前的对钩去掉，单击"应用"或"确定"按钮，所有文件将显示扩展名，如图2-22所示。

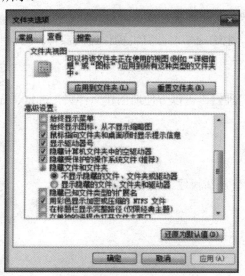

图2-22　文件显示扩展名设置

文件夹使用"详细信息"视图，可以方便地看到文件的修改时间和文件大小。在"文件夹选项"对话框中也可以设置是否"显示隐藏的文件、文件夹或驱动器"，以查看计算机中隐藏的文件和文件夹。

## 4. 文件或文件夹的搜索

搜索文件是对文件操作的常用功能，最简单的搜索方法是在要搜索的文件夹下按下某一个字母或数字键，光标则定位在以字符为首字母的文件名的文件上。例如，按"a"，系统将光标

移动到文件名以 "a" 为首的位置。

使用较多的是在搜索栏填写搜索内容进行搜索。可以使用通配符和运算符，提高搜索结果的准确性。

### 1) 使用通配符进行搜索

通配符用来代替一个或多个未知字符，通用的通配符有以下两种：

星号(*)：可以代表文件中的任意字符串。

问号(?)：可以代表文件中的一个字符。

例如：要搜索所有 doc 文件，只需在搜索栏中输入 "*.doc" 即可。

### 2) 使用自然语言进行搜索

如果要搜索满足多个筛选条件的文件，可以利用自然语言完成。如搜索 C 盘下的 doc 或 xls 文件，可在搜索栏中输入 "*.doc OR *.xls"。

多个条件搜索可以采用以下运算符：

AND：搜索内容中必须包含由 AND 相连的所有关键词。

OR：搜索内容中包含任意一个含有由 OR 相连的关键词。

使用自然语言搜索功能，需要先在"文件夹选项"对话框中的"搜索方式"里选中"使用自然语言搜索"复选框。

## 2.7 本章小结

本章首先介绍了操作系统的基本概念和功能，然后展示了 Windows 7 操作系统的安装流程，并对系统基本设置进行了分析，最后介绍了操作系统及文件管理常用的操作技巧。通过本章的学习，读者可以独立安装操作系统并掌握操作系统常见的操作技巧。

## 2.8 思考和练习

1. 选择题

(1) 在Windows 10操作系统中，要重新排列桌面上的图标,用户首先要用鼠标操作的是(    )。

    A．右击窗口空白处

    B．右击任务栏空白处

    C．右击桌面空白处

    D．右击开始菜单

(2) Windows 的桌面是指(    )。

    A．整个屏幕

    B．全部窗口

    C．某个窗口

    D．活动窗口

(3) Windows 环境下，文件夹指的是( )。
   A. 磁盘
   B. 目录
   C. 程序
   D. 文档
(4) 在已选定文件夹后，下列操作中不能删除该文件夹的是( )。
   A 在键盘上按 Delete 键
   B. 用鼠标右键单击该文件夹，选择删除命令
   C. 在文件菜单中选择"删除"命令
   D. 用鼠标左键双击该文件夹

2. 填空题

(1) 按照操作系统的功能进行分类，可以分为_____、_____、_____、_____和分布式操作系统等。
(2) 从资源管理的角度看，操作系统主要有以下 5 大功能：_____、_____、_____、_____、_____。
(3) 处理机可提供_____、_____、_____、_____等功能。
(4) 操作系统设备管理，用于管理计算机系统中的外围设备，主要任务是：_____、_____、_____、_____。

3. 简答题

(1) Windows 7 和 Windows 10 操作系统各有哪些版本，如何选择操作系统的版本类型并进行安装？
(2) 操作系统的启动分哪几种方式，分别用于哪些场合？

4. 操作题

(1) 请从网上下载 U 盘启动大师，制作操作系统安装 U 盘。下载 VMware Workstation(9.0 以上版本)和深度 GhostWin7_X64_V2013 旗舰版系统软件，先安装 VMware Workstation 软件，然后在虚拟机上模拟安装 GhostWin7_X64_V2013 旗舰版系统(Ghost Windows 10 x64 系统)。
(2) 使用自然语言进行搜索电脑 C 盘中同时包含"操作系统"和"Windows"关键词的文件。

# 第 3 章
# 文字处理软件 Word 2016

本章主要介绍创建并编辑文档、美化文档外观、长文档的编辑与管理，以及邮件合并技术等内容。通过本章的学习，希望大家在理解、动手的基础上，学会 Word 2016 中关于文档排版的基本操作方法，可以对日常的 Word 文档进行编辑排版，可以综合运用各种操作，设计出图文并茂的文档。

**本章的学习目标：**
- 了解 Word 2016 文字处理软件的界面布局和功能
- 熟练掌握 Word 2016 文档的基本操作和编辑方法
- 掌握图文混排的基本方法
- 能灵活运用所学排版知识和技巧制作出图文并茂的文档

## 3.1 Word 文档的基本操作

### 3.1.1 Word 的基本界面

**1. 启动 Word**

方法一：单击"开始"按钮■，单击 Microsoft Office 中的 Word 图标■，即可启动 Word 2016。

方法二：如果桌面上有 Word 的快捷方式图标，直接双击启动 Word 2016。

**2. Word 的界面**

Word 2016 界面(如图 3-1 所示)主要包括标题栏、快速访问工具栏、菜单(选项卡)、功能区、编辑区、状态栏、滚动条。

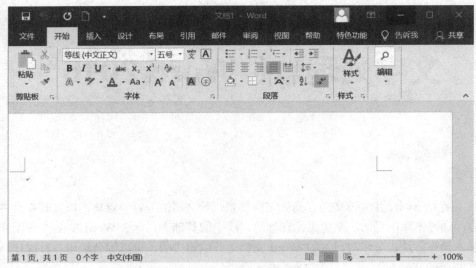

图 3-1 Word 2016 界面

### 1) 标题栏

窗口的第一行称为标题栏。标题栏的作用：显示文档的名称。如图 3-1 中所示，文档的名称是"文档 1"，建立 Word 文档的默认名称是文档 1、文档 2、文档 3 等。

在标题栏的左侧是快速访问工具栏，可以快速实现保存、撤销、恢复、新建文档等功能，可以通过下拉菜单向快速访问工具栏中添加新的功能按钮。标题栏最右边有四个按钮 ▬ ▬ □ ×，分别是：功能区显示选项、最小化、最大化、关闭按钮。单击"功能区显示选项"，会出现如图 3-2 所示的菜单，来设置选项卡和功能区的显示与隐藏；单击最小化按钮，窗口会变成图标放在任务栏中，依然在后台继续运行；最大化按钮有两种状态：最大化 ▬ 和向下还原 ▬，两者交替使用；最后是关闭按钮。

图 3-2 功能区显示选项

### 2) 选项卡及对应的功能区

第二行是各个选项卡，又称为"菜单"，单击每一个选项卡，功能区会对应出现不同的操作模块。如图 3-1 所示，单击"开始"选项卡，功能区对应的有剪贴板、字体、段落、样式、编辑模块。Word 2016 中一般默认有 11 个选项卡，分别是"文件""开始""插入""设计""布局""引用""邮件""审阅""视图""帮助"和"特色功能"，最后还有一个"操作说明搜索"。

(1) "文件"选项卡：有"信息""新建""打开""保存""另存为""历史记录"

"打印""共享""导出""关闭""账户""反馈"和"选项"命令，如图 3-3 所示。

图 3-3　"文件"选项卡

(2) "开始"选项卡：单击"开始"选项卡，功能区会出现"剪贴板""字体""段落""样式""编辑"等模块或者工具组(也称为组)。有的工具组的工具按钮右边有一个三角形的符号，单击会出现下拉子菜单。

有的工具组的右下角有一个箭头按钮　，单击它会弹出一个对话框，比如单击"字体"工具组中的　按钮，会弹出"字体"对话框，可以对字体做进一步的格式设置，如图 3-4 所示。

图 3-4　"字体"对话框

41

(3)"插入"选项卡：单击"插入"选项卡，功能区会出现"页面""表格""插图""加载项""媒体""链接""批注""页眉和页脚""文本"和"符号"工具组。

(4)"设计"选项卡：单击"设计"选项卡，功能区会出现"文档格式""页面背景"工具组。

(5)"布局"选项卡：单击"布局"选项卡，功能区会出现"页面设置""稿纸""段落""排列"工具组。

(6)"引用"选项卡：单击"引用"选项卡，功能区会出现"目录""脚注""信息检索""引文与书目""题注""索引""引文目录"工具组。

(7)"邮件"选项卡：单击"邮件"选项卡，功能区会出现"创建""开始邮件合并""编写和插入域""预览结果""完成"工具组。

(8)"审阅"选项卡：单击"审阅"选项卡，功能区会出现"校对""辅助功能""语言""中文简繁转换""批注""修订""更改""比较""保护""墨迹"工具组。

(9)"视图"选项卡：单击"视图"选项卡，功能区会出现"视图""页面移动""显示""显示比例""窗口""宏"等工具组。

(10)"特色功能"选项卡：单击"特色功能"选项卡，功能区会出现"常见PDF""常规设置""特色功能"工具组。

同时，在 Word 2016 的选项卡中，增加了操作说明搜索，如果找不到 Word 中的一些功能，可以直接在搜索框中输入关键字进行调用。

3) 编辑区

编辑区用来输入文本，插入表格、图片等内容，也用来显示正在编辑的文档。

在编辑区的右边有一个垂直滚动条，其上下均有一个三角形按钮，单击该按钮可以上移或下移一行。

4) 状态栏

编辑区的下面是状态栏，状态栏左边依次是"文档的字数""Word 发现校对错误""语言"。单击状态栏的"文档当前页码和总页码"，可以打开或隐藏导航窗格。如 第4页,共34页 10834个字 中文(中国)，表示文档一共有 34 页，该页是第 4 页，字数一共有 10834 个字，当前为"中文"输入。状态栏的右边一般是"视图方式""显示比例"。如 — + 100%，视图方式依次是"阅读视图""页面视图""Web 版式视图"，显示比例是 100%。

Word 2016 中的状态栏是可以自定义的，右击状态栏，会出现快捷菜单，如图 3-5 所示。

### 3. 关闭 Word 2016

方法一：右击"标题栏"区域，会弹出一个菜单项，单击"关闭"。

方法二：按下 Alt+F4 组合键。

方法三：单击窗口右上角的"关闭"按钮。

方法四：选择"文件"→"关闭"命令。

# 第 3 章 文字处理软件 Word 2016

图 3-5 自定义状态栏

## 3.1.2 文档的基本编辑及操作方法

文档的基本操作主要包括文档的输入和排版，基本的排版主要有：字体、段落、页面布局的设置，文本的选择、删除、修改和保存，以及对文本的查找与替换。下面通过制作"计算机的发展史"文档来介绍此部分的内容，文档效果如图 3-6 所示。

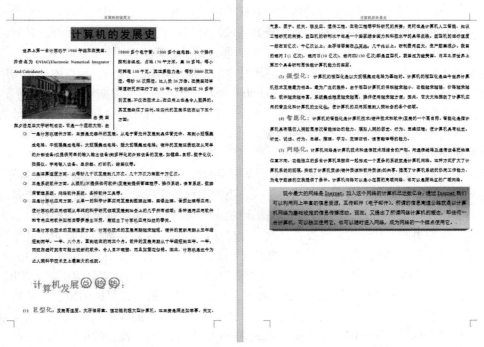

图 3-6 "计算机的发展史"效果图

1. 创建 Word 文档

通过创建"计算机的发展史.docx"文档来了解建立文档的方法。

通过前面介绍的启动 Word 2016 的方法启动 Word 2016。进入文本编辑状态，输入以下文档内容，以"计算机的发展史.docx"为文件名保存在"Word 基本操作"文件夹中。

【示例文章】

计算机的发展史

世界上第一台计算机于 1946 年诞生在美国，并命名为 ENIAC(Electronic Numerical Integrator And Calculator)。由美国宾夕法尼亚大学研制成功。它是一个庞然大物，由 18800 多个电子管，1500 多个继电器，30 个操作控制台组成，占地 170 平方米，重 30 多吨，每小时耗电 150 千瓦。其运算能力是：每秒 5000 次加法，每秒 56 次乘法，比人快 20 万倍。在美国陆军弹道研究所运行了约 10 年。计算机经过 50 多年的发展，不仅在技术上，在应用上也是令人鼓舞的。其发展经过了四代。这四代的发展体现在以下五个方面：

一是计算机硬件方面，主要是元器件的发展。从电子管元件发展到晶体管元件，再到小规模集成电路、中规模集成电路、大规模集成电路、超大规模集成电路；硬件的发展还表现在从简单的外部设备(仅提供简单的输入输出设备)到多样化的外部设备的发展，如键盘、鼠标、数字化仪、扫描仪、手写输入设备、显示器、打印机、绘图仪等。

二是运算速度方面，从每秒几十次发展到几万次、几十万次乃至数千万亿次。

三是系统软件方面，从裸机(不提供任何软件)发展到提供管理程序、操作系统、语言系统、数据库管理系统、网络软件系统、各种软件工具等。

四是计算机应用方面，从单一的科学计算应用发展到数据处理、图像处理、音频处理等应用；使计算机的应用领域从单纯的科学研究领域发展到社会上的几乎所有领域；各种通用应用软件和专用应用软件如雨后春笋层出不穷，展现出了计算机应用灿烂的春天。

五是计算机技术的发展速度方面，计算机技术的发展周期越来越短，硬件的更新周期从五年缩短到两年、一年、八个月，直到现在的两三个月。软件的发展周期从十年缩短到五年、一年；而现在随时就有可能出现新的软件，令人目不暇接，而且如繁花似锦。因此，计算机是迄今为止人类科学技术史上最重大的成就。

计算机发展总趋势：

(1) 巨型化：发展高速度、大存储容量、强功能的超大型计算机。这主要是满足如军事、天文、气象、原子、航天、核反应、遗传工程、生物工程等学科研究的需要；同时也是计算机人工智能，知识工程研究的需要。巨型机的研制水平也是一个国家综合国力和科技水平的具体反映。巨型机的运行速度一般在百亿次、千亿次以上；主存储容量在几百兆、几千兆以上。研制费用巨大，生产数量很少。我国的银河Ⅰ(1 亿次)，银河Ⅱ(10 亿次)，银河Ⅲ(130 亿次)都是巨型机。我国成为继美国、日本之后世界上第三个具备研制高性能计算机能力的国家。

(2) 微型化：计算机的微型化是以大规模集成电路为基础的。计算机的微型化是当今世界计算机技术发展最为明显、最为广泛的趋势。由于微型计算机的体积越来越小，功能越来越强，价格越来越低，软件越来越丰富，系统集成程度越来越高，操作使用越来越方便；因此，它大大地推动了计算机应用的普及化和计算机的文化化，使计算机的应用拓展到人类社会的各个领域。

(4) 智能化：计算机的智能化是计算机技术(硬件技术和软件)发展的一个高目标。智能化是指计算机具有模仿人类较高层次智能活动的能力：模拟人类的感觉、行为、思维过程；使计算机具有视觉、听觉、说话、行为、思维、推理、学习、定理证明、语言翻译等的能力。

(3) 网络化：计算机网络是计算机技术和通信技术相结合的产物。用通信线路及通信设备把地理位置不同、功能独立的多台计算机连接在一起形成一个复杂的系统就是计算机网络。这种方式扩大了计算机系统的规模，实现了计算机资源(硬件资源和软件资源)的共享，提高了计算机系统的协同工作能力，为电子数据的交换提供了条件。计算机网络可以是小范围的局域网络，也可以是跨地区的广域网络。

现今最大的网络是 Internet，加入这个网络的计算机已达数亿台，通过 Internet 我们可以利用网上丰富的信息资源，互传邮件(电子邮件)。所谓的信息高速公路就是以计算机网络为基础设施的信息传播活动。现在，又提出了所谓网络计算机的概念，即任何一台计算机，可以独立使用它，也可以随时进入网络，成为网络的一个节点使用它。

### 2. 页面设置

单击"布局"选项卡，选择"页面设置"工具组，打开"页面设置"对话框，进行如下设置。

(1) 上下页边距为 2cm、左右页边距为 2cm、装订线页边距为 0.3cm、纸张方向为纵向，如图 3-7 所示。

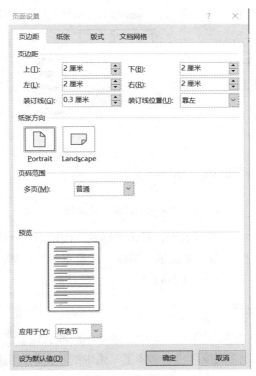

图 3-7　页面设置

(2) 纸张大小为 A4。

### 3. 文本的选择

我们在编辑文本时，需要先选中对象，有如下几种方法：
(1) 双击，选中光标所在的一个词；三击，选中光标所在的段落。
(2) 将鼠标放在左侧，鼠标变成向右的箭头，单击，选中一行；双击，选中一段。
(3) 结合 Ctrl 键和 Shift 键来选中对象。不连续的对象，通过按住 Ctrl 键，使用鼠标单击选中对象；连续的对象，单击开始对象，按住 Shift 键，使用鼠标选中结束的对象即可。

### 4. 查找与替换操作

将正文中第 1 至第 6 段中的"计算机"替换为深蓝色、黑体、加着重号。
(1) 选中第一段中的"计算机"，单击"开始"选项卡，选择"编辑"工具组中的"替换"命令，打开"查找和替换"对话框，如图 3-8 所示。在"替换为"文本框中输入"计算机"。

图 3-8 "查找和替换"对话框

(2) 单击"更多"按钮，出现替换选项，单击"格式"按钮下的"字体"命令。打开"查找字体"对话框，设置字体格式为"深蓝色、黑体、加着重号"，如图 3-9 所示。
(3) 单击"替换"按钮，一直替换到第 6 段。

### 5. 字体、段落格式的设置

(1) 设置标题字体格式：黑体、一号、居中，加双下画线、深蓝色。字符间距加宽"1.5 磅"，如图 3-10 所示。"红色"底纹，通过字体工具组中的"文本突出显示颜色"按钮 进行设置。

正文字体格式：宋体、字号为小四。

图 3-9　字体设置

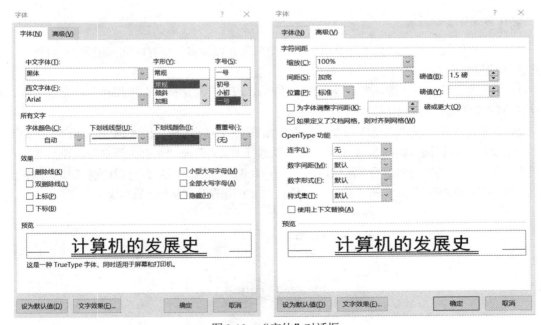

图 3-10　"字体"对话框

(2) 设置正文段落格式：首行缩进 2 个字符、行距为 1.5 倍行距，通过"段落"对话框设置。

(3) 通过"字体"工具组，将文中的"计算机发展总趋势"设置为二号、红色；在"字体"对话框"高级"选项卡中，设置"算"和"发"降低 10 磅；通过 ⓐ 按钮，将"总趋势"设置成增大带圈文字，设置其段落为段前"1 行"、段后"1 行"。

(4) 格式刷的使用：将文中"巨型化"设置为楷体_GB2312、三号、红色；使用格式刷将设置好的格式应用于文字"微型化""网络化""智能化"。此处注意格式刷的使用：分为单击格式刷和双击格式刷，前者只能刷一次，后者可以刷好多次。

(5) 项目符号的使用：将正文的第 2 段至第 6 段加上红色的"项目符号"。首先，我们要选中第 2 段和第 6 段，然后单击"项目符号"—"定义新项目符号"，设置其颜色和形状。

### 6. 在 Word 中插入对象

(1) 将第 1 段设置成分栏："2 栏""加分隔条"。选中此段，"布局"选项卡→"页面设置"工具组→"栏"。

(2) 设置最后一段格式："文字竖排"，颜色为"红色"。选中此段，"插入"选项卡→"文本"工具组→"文本框"，单击"绘制文本框"。

(3) 设置页眉为"计算机的发展史"："插入"选项卡→"页眉和页脚"工具组，单击页眉，输入"计算机的发展史"。

(4) 插入图片"计算机的 ENIAC"："插入"选项卡→"插图"工具组，单击"图片"，找到图片所在的位置，选中图片，单击"插入"按钮(关于图片的设置，在后面的图文混排中将进行介绍)。

### 7. 保存文档

Word 文档的保存设置：为"计算机的发展史"文件设置自动保存时间间隔为 10 分钟，并为该文档设置密码保护。

(1) 单击"文件"→"选项"命令，打开"Word 选项"对话框，在"保存"选项卡中将自动保存时间间隔设置为 10 分钟。

(2) 单击"文件"→"信息"命令，单击"保护文档"，选择"用密码进行加密"，弹出"加密文档"对话框，如图 3-11 所示。也可以选择"文件"→"另存为"命令，在打开的对话框中单击"工具"按钮下的"常规选项"，在弹出的对话框中设置"打开文件时的密码"和"修改文件时的密码"。单击"确定"按钮，将文件保存到"Word 基本操作"文件夹中。

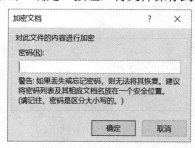

图 3-11　设置密码保护

## 3.2 表格的操作

Word 中的表格，是一种可视化交流模式，也是一种组织、整理数据的手段。在生活中，我们经常需要做各种表格来统计数据。如果你希望制作一份表格化的简历，或制作一张课程表，那么，就快来学习本节的内容。使用 Word 不仅可以方便地绘制表格，还可以对表格进行美化，为其设置边框和底纹。此外，我们还能对表格中的数据进行简单的计算或统计。我们通过创建课程表和成绩表来练习本部分内容，效果如图 3-12 所示。

| 课程\姓名 | 数学 | 外语 | 政治 | 语文 | 平均成绩 |
| --- | --- | --- | --- | --- | --- |
| 李萍 | 87 | 78 | 68 | 90 | 80.75 |
| 樊万全 | 90 | 85 | 79 | 89 | 85.75 |
| 周理京 | 85 | 87 | 90 | 95 | 89.25 |
| 滕升泉 | 95 | 89 | 82 | 93 | 89.75 |
| 王立 | 98 | 87 | 89 | 87 | 90.25 |

图3-12　课程表与成绩表

### 3.2.1　绘制表格

#### 1. 表格的创建

将光标定位到需要插入表格的位置。单击"插入"选项卡，单击"表格"按钮，出现"插入表格"快捷菜单，如图 3-13 所示。创建表格有以下几种方法：

图 3-13　创建表格

(1) 在"插入表格"快捷菜单中的网格框中拖动鼠标。
(2) 在"插入表格"快捷菜单中,单击"插入表格"命令。
(3) 在"插入表格"快捷菜单中,单击"绘制表格"命令。
(4) 在 Word 中也可以直接插入 Excel 表格:在"插入表格"快捷菜单中,单击"Excel 电子表格"命令。
(5) 快速建立 Word 中自带的表格样式:在"插入表格"快捷菜单中,单击"快速表格",在弹出的子菜单中选择相应命令。

#### 2. 样式选择

创建好基本表格后,单击表格,会出现新的选项卡:设计与布局,"设计"选项卡用于对表格的样式进行设置,如样式、底纹、边框等;"布局"选项卡用于对表格属性、行和列、拆分合并、对齐方式等进行设置。如图 3-14、图 3-15 所示。

图 3-14 "设计"选项卡

图 3-15 "布局"选项卡

### 3.2.2 修饰表格

#### 1. 表格的修饰

表格的修饰指对单元格的底色及线条等进行设置。

#### 2. 边框线条的设定

选择需要加边框的单元格区域,单击"表格工具"的"设计"选项卡中的"边框",可以选择边框线的粗细、笔的颜色。按下"边框"旁边的三角形符号,可以选择需要修饰的边框线条。

#### 3. 底色的设定

选择需要加边框的单元格区域,单击"表格工具"的"设计"选项卡中的"底纹"按钮,可以选择"底纹"颜色。

## 3.2.3 主要知识点

(1) 创建表格的方法。

(2) 表格的调整：插入行，插入列，插入单元格，删除行，删除列，删除单元格，表格行高与列宽的调整，合并、拆分单元格，平均分布各行、各列。

(3) 表格中的计算与排序。

(4) 表格的美化：表格字符格式化，表格边框与底纹的设置。

## 3.2.4 实现步骤

### 1. 创建 Word 文件

启动 Word 2016，输入图 3-12 的内容，并以"学生课程成绩表"为文件名保存文件。

### 2. 创建表格

单击"插入"选项卡，单击"表格"，选择"插入表格"，弹出"插入表格"对话框，如图 3-16 所示，插入一个 7 行 7 列的表格并输入数据，建立课程表。以同样的方法，建立学生成绩表。

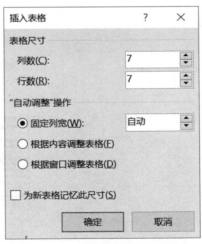

图 3-16 "插入表格"对话框

### 3. 美化单元格

#### 1) 合并单元格

选择第一行的第一列和第二列，单击"表格工具"的"布局"选项卡，在"合并"工具组中，单击"合并单元格"按钮。如图 3-17 所示。

图 3-17 合并单元格

设置"学生成绩表"格式：单击"表格工具"的"设计"选项卡，在"边框"工具组中，单击"笔样式"，设置 0.5 磅单直线。单击"表格工具"的"布局"选项卡，在"绘图"工具组中，单击"绘制表格"，鼠标变成笔的形状，画斜线。画完之后，单击"绘制表格"，取消绘制。

2) 设置边框

单击"表格工具"的"设计"选项卡，单击"边框"按钮，对"课程表"设置格式：表格外边框线为 1.5 磅粗实线，颜色为蓝色，表内线为 0.75 磅粗细实线，颜色为蓝色；第一行、第五行下框线为 1.5 磅双实线，表格左上角的斜线为 1.5 磅的粗实线，颜色为黑色，如图 3-18 所示。

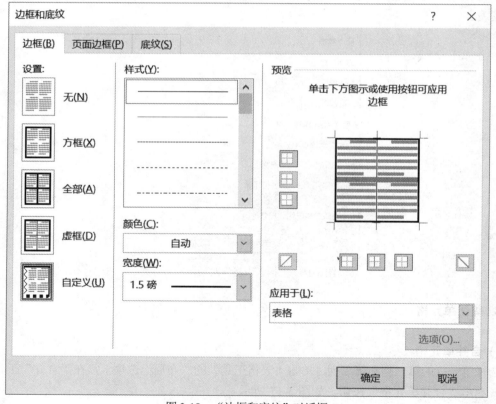

图 3-18 "边框和底纹"对话框

3) 底纹与公式

对"学生成绩表"设置格式：单击"表格工具"的"设计"选项卡，在"表格样式"工具组中，单击"底纹"，选择绿色。

将光标移动到"平均成绩"单元格，单击"表格工具"的"布局"选项卡，在"数据"工具组中，单击"公式"，在"公式"对话框中输入"=AVERAGE(LEFT)"，然后单击"确定"按钮，如图3-19所示。

图3-19 "公式"对话框

### 4) 排序

将光标置于表格的任意单元格中，单击"表格工具"的"布局"选项卡，在"数据"工具组中，单击"排序"，打开"排序"对话框，设置主要关键字为"平均成绩"升序排序，次要关键字为"数学"升序排序。"类型"选项按默认值，单击"确定"按钮，如图3-20所示。

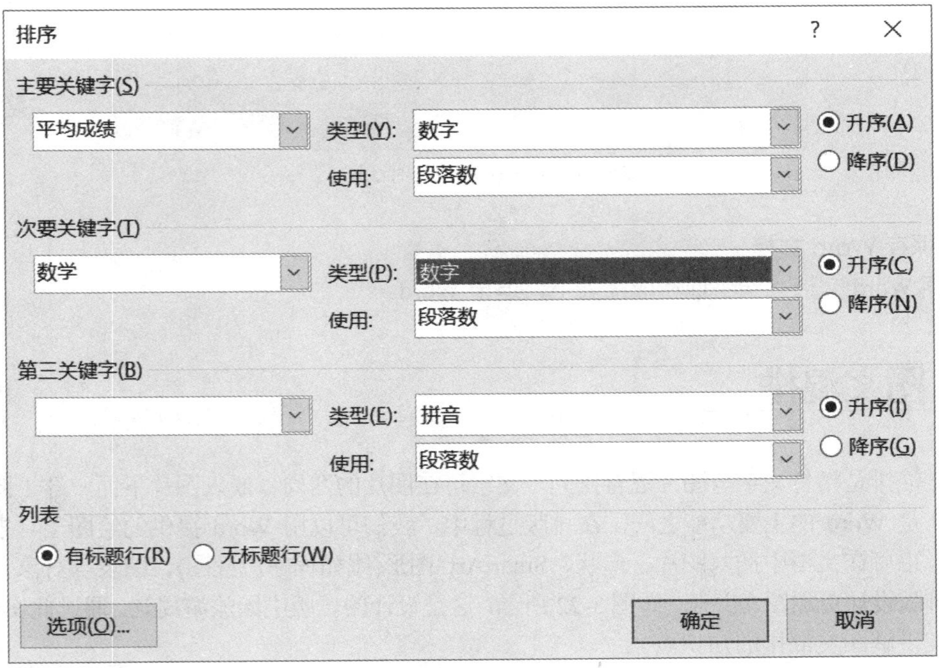

图3-20 数据排序

5) 设置表格内容的格式

设置表格内容的格式为楷体、五号、居中。

6) 设置行高和列宽

选定表格"课程表",单击表格工具的"布局"选项卡,在"表"工具组中,单击"表格属性",弹出"表格属性"对话框,如图 3-21 所示。分别选择"行"和"列"选项卡,在"指定高度"和"指定宽度"中,将高度设置为 0.9cm,其余各行高度设置为 0.7cm,将各列宽度设置为 2.0cm。

图 3-21　"表格属性"对话框

7) 保存 Word 文档

保存 Word 文档"学生课程成绩表",退出 Word。

## 3.3　图文混排

图文混排是指将文字与图片混合排列,文字可在图片的四周、嵌入图片下面、浮于图片上方等,是 Word 的主要功能之一。在排版过程中,我们可以用 Word 提供的绘图工具来绘制图形,也可在文档中插入图片、形状、SmartArt 图形(比如程序流程图)、图表等对象。让我们的排版设计更加图文并茂。如图 3-22 所示,这是设计的一版中国旅游周刊,通过此案例,我们详细讲解图文混排的知识点。

图 3-22  中国旅游周刊效果图

## 3.3.1 在文档中插入对象

### 1. 图片

在"插入"选项卡的"插图"工具组中单击"图片"命令,选择要插入的图片,单击"插入"按钮。

### 2. 联机图片

在"插入"选项卡的"插图"工具组中单击"联机图片"命令,出现一个对话框,可以搜索网络中的在线图片。

### 3. 形状

选择"插入"选项卡中的"插图"工具组,单击"形状"命令下面的三角形符号,会出现很多形状图,选择其中的形状图,在绘图区域拖动鼠标就可以画出所选的形状图了。同时,我们也可以通过形状的组合,设计出新的形状图。

### 4. SmartArt 图形

选择"插入"选项卡中的"插图"工具组,单击 SmartArt 命令,出现"选择 SmartArt 图形"对话框,选择所需要的 SmartArt 图形,单击"确定"按钮。

### 5. 图表

选择"插入"选项卡中的"插图"工具组,单击"图表"命令,出现"插入图表"对话框,选择所需要的图表,如簇状柱形图,单击"确定"按钮。这样,在插入点就出现了图表,同时也出现了图表所对应的数据,以 Excel 表的形式出现,我们根据需要在出现的动态 Excel 表中输入数据,图表会随着数据的变化而变化。

此外,还可以在文档中插入文本框、艺术字、公式、符号,设置首字符下沉等效果,方法与以上类似,此处不再赘述。

在 Word 2016 中,"插入"选项卡中新增了"屏幕截图"功能,可以直接截取屏幕图片,并且图片可以直接导入 Word 中进行编辑修改。

## 3.3.2 主要知识点

(1) 将图片、文本框、自选图形插入文档中。
(2) 将艺术字插入文档中。
(3) 实现图片的缩放、裁剪、移动等功能。
(4) 图文混排的技巧。

## 3.3.3 实现步骤

### 1. 启动 Word

打开"素材.docx"。

### 2. 插入艺术字

(1) 插入艺术字:将插入点光标移动到第一段的上方。单击"插入"选项卡,在"文本"工具组中单击"艺术字"按钮,在打开的艺术字预设样式面板中选择合适的艺术字样式,如图 3-23 所示。

图 3-23　插入艺术字

(2) 编辑艺术字：在打开的"文字编辑框"中，直接输入艺术字"中国旅游报"。将艺术字设置为：华文行楷、36，如图 3-24 所示。

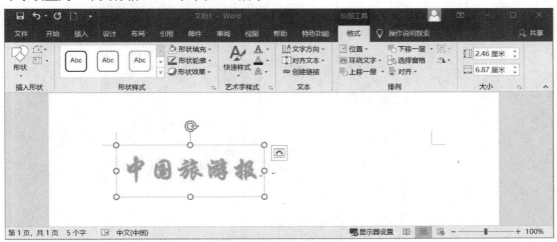

图 3-24　编辑艺术字文本及格式

在艺术字的下面，输入"2018 年 11 月 1 日星期四"，换行后输入"主编：山西警察学院×××"，这里考查的是"段落缩进"。"开始"选项卡→"段落"工具组→首行缩进 5 字符。

3. 插入文本框

(1) 插入文本框：单击"插入"选项卡，在"文本"工具组中单击"文本框"按钮，如图 3-25 所示。

图 3-25　单击"文本框"按钮

(2) 单击向下箭头，出现快捷菜单，在打开的内置文本框面板中选择"绘制横排文本框"命令，如图 3-26 所示。

(3) 返回 Word 编辑区，在所插入的地方拖动鼠标绘制文本框，然后在文本框中输入"江南好，最忆是杭州，山寺月中寻桂子，郡亭枕上看潮头，何日能重游？"文本内容。

注意：

如果文本已经存在，也可以选中对象，单击"绘制横排文本框"，选中的对象就直接添加了文本框。

图 3-26 文本框的类型

(4) 对文本框进行格式设置。单击已经存在的文本框，会出现一个新的选项卡"格式"选项卡，如图 3-27 所示。在这里可以设置文本框的外边框、阴影效果、位置等格式。此处设置格式为：文本框样式→形状轮廓→虚线→画线-点；位置→文字环绕→浮于文字上方。

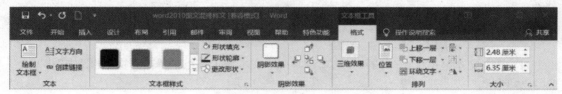

图 3-27 文本框格式设置

### 4. 插入形状

单击"插入"选项卡，在"插图"工具组中单击"形状"按钮，选中"直线"，按住 Shift 键，拖动鼠标，可以绘制水平直线。绘制完后，用同样的方法插入垂直直线。并在垂直直线的左侧插入文本框，放入峨眉山的相关内容，并对其进行段落、字体、行距的设置。

### 5. 设置分栏

选中要分栏的对象，单击"布局"选项卡，在"页面设置"工具组中单击"栏"按钮，设置两栏。选中"丽江的柔软时光"，单击"插入"选项卡，在"文本"工具组中，单击"艺术字"按钮，选择相应的样式，这样"丽江的柔软时光"就转换成了艺术字，调整艺术字的格式。艺术字格式：更改样式，位置：浮于文字上方。

### 6. 页面设置

从效果图中可以看出，整个页面左边窄、右边宽，我们可以尝试通过对页面布局的设置来进行修改。"布局"选项卡→页面布局→页面设置，打开"页面设置"对话框。在"页面设置"对话框中,选择"纸张"选项卡,纸张设置为 A4;选择"页边距"选项卡,在横线上方,上下左右的页边距均为 2.5cm;横线下面为分栏部分,其上、下页边距为 2.5cm,左为 8cm,右为 3cm。注意,这里是通过对页面应用范围的不同来规划整个版面的,这里应用的是本节。

### 7. 文字下沉

选中"不"字,选择"插入"选项卡,单击"文本"工具组中的"首字下沉",设置下沉 2 行。

### 8. 插入图片

(1) 将鼠标插入点移动到"一种恍如隔世的惊艳,迎面而来。"后,选择"插入"选项卡,单击"插图"工具组中的"图片"按钮,如图 3-28 所示,找到图片位置,单击"插入"按钮,单击插入的图片,出现新的选项卡:"图片工具"的"格式"选项卡,如图 3-29 所示。

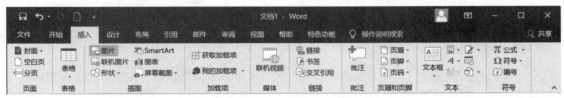

图 3-28  单击"图片"按钮

图 3-29  "图片工具"的"格式"选项卡

(2) 设置图片格式:单击图片,显示图片工具的"格式"选项卡,单击"排列"工具组中的"环绕文字"按钮,选择文字环绕"四周型",如图 3-30 所示。单击"大小"工具组中的"裁剪"按钮,选择"裁剪为形状",在弹出的列表中选择一个形状,如图 3-31 所示。

图 3-30  设置图片格式

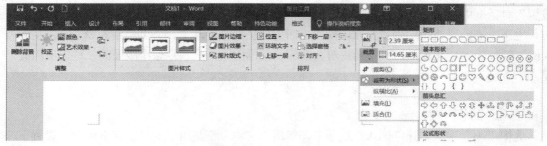

图 3-31　裁剪图片

### 9. 设置文字段落格式

(1) 峨眉山：楷体、小三、居中；丽江的柔软时光：华文中宋、16；亚州之都——香港：宋体、24。

(2) 正文格式设置：首行缩进 2 字符、单倍行距、宋体五号。

此外，其他格式与以上格式设置方法类似，此处不再赘述。

### 10. 添加页眉

单击"插入"选项卡，在"页眉和页脚"工具组中，单击"页眉"按钮，出现页眉样式的快捷菜单，如图 3-32 所示。选择第一个选项并将其左对齐。

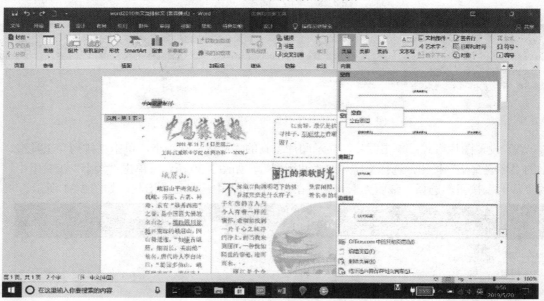

图 3-32　页眉样式

### 11. 完成效果

最后的完成效果如图 3-22 所示。

## 3.4 综合应用一：制作毕业论文

### 3.4.1 案例的提出与分析

一年一度的毕业论文季来临之时，相信一定有不少学生正深陷毕业论文的水深火热中。好不容易写好了几千上万字的文章，却栽在了论文排版这个坎上。今天我们就论文排版最需要注意的问题和解决方法进行介绍，供大家排版论文时对照参考。

### 3.4.2 案例主要知识点

(1) 文本的基本编辑操作。
(2) 目录的生成，页眉、页码的设置。
(3) 图文混排及页面的排版。
(4) 题注、脚注的使用。

### 3.4.3 案例实现步骤

#### 1. 毕业论文(设计)的装订

第一部分：封面(无页码)
第二部分：中文摘要、英文摘要(不计页码)
第三部分：目录(罗马数字页码)
第四部分：正文(阿拉伯数字页码，如 1，2，3，…)
第五部分：致谢
第六部分：参考文献

#### 2. 具体实现

**1) 封面**
单击"插入"选项卡，在"页面"工具组中，单击"封面"按钮，选择合适的封面，如图 3-33 所示，也可以自己做封面，如图 3-34 所示，可以通过 Word 中的表格来布局封面内容，参考表格操作，此处不再赘述。

**2) 题目、中英文摘要格式**
通过段落、字体设置以下格式，方法不再赘述。
论文题目为 3 号黑体字，居中，段前段后各空一行。
中文摘要首行缩进 2 字符，"摘要："二字(小四号黑体，字间空一格)。"摘要："后的中文摘要内容(小四号楷体)。中文关键词置于中文摘要文后，另起一行，中文关键词前应有"关键词："(小四号黑体)，后接关键词内容(小四号楷体)。

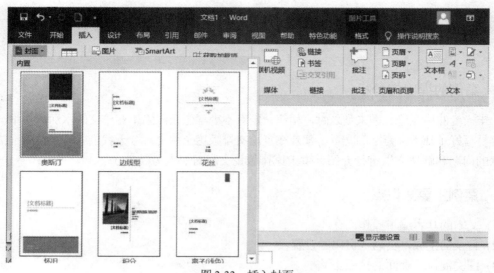

图 3-33　插入封面

图 3-34　自做封面

英文摘要下空一行，首行缩进 2 字符，"Abstract:"(小四号 Times New Roman 字体，加粗)。"Abstract:"后的英文摘要内容(小四号 Times New Roman 字体)。

英文关键词置于英文摘要文后，另起一行，英文关键词前冠以"Key words："(小四号 Times New Roman 字体，加粗)作为标识，后接英文关键词内容(小四号 Times New Roman 字体)。

3) 正文格式

通过段落、字体设置以下格式，方法不再赘述。

标题：每章标题以三号字黑体居中，一级标题；"章"下为"节"，以四号黑体左起空两格，二级标题；"节"下为"小节"，以小四号黑体左起空两格，三级标题。换行后是论文正文。每一章都保证在一页的开始，通过插入分页符来实现。

此处进行段落一级、二级、三级标题的设置：打开"段落"对话框，"缩进和间距"选项卡中的"大纲级别"用来设置一级、二级、三级，如图 3-35 所示。

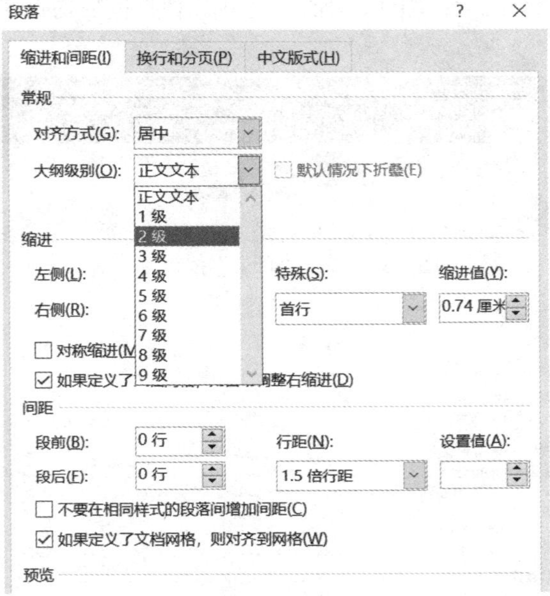

图 3-35　段落级别

正文：采用小四号宋体字，1.5 倍行距。

图与表格：图与表格均为嵌入式，居中；图题与表题均为：五号楷体、居中。图题位于图的下方，表题位于表格的上方。单击"引用"选项卡，在"题注"工具组中，单击"插入题注"，出现"题注"对话框，如图 3-36 所示。

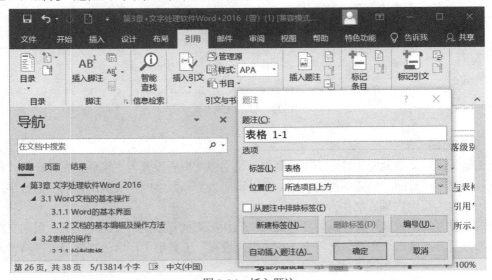

图 3-36　插入题注

4) 目录

在设置好一级、二级、三级标题的基础上,在英文关键词后,插入分页符:布局→分隔符→分页符,快捷键 Ctrl+Enter。单击"引用"选项卡,在"目录"工具组中,单击"目录"按钮,选择自动插入目录,如图 3-37 所示。最后,形成本论文的目录,如图 3-38 所示。该页内容格式:目录("目录"二字:黑体、小二、居中、段前段后均为 1 行);无页眉页脚;设置页码为罗马数字。

图 3-37　单击"目录"按钮

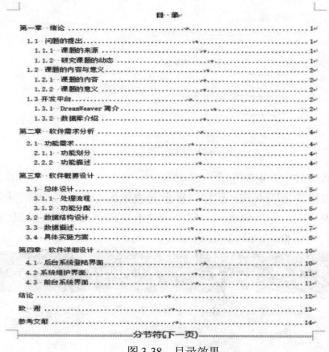

图 3-38　目录效果

5) 页眉页码

论文格式:封面、摘要、目录不需要页眉;论文正文页眉设置为"毕业论文设计",楷体、五号、居中;封面、摘要不需要页码;目录页码为罗马数字;正文页码为阿拉伯数字,从 1 开始。均为页面底端、居中。

页码设置方法:假设封面、摘要各一页,我们从第三页开始插入页码。在第二页的文字末尾添加分节符,单击"布局"选项卡,在"页码设置"工具组中,单击"分隔符"→"分节符"→"下一页",如图 3-39 所示。

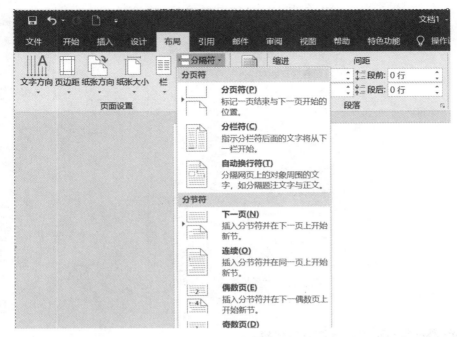

图3-39 分节符

这样插入点就跳到第三页即目录页，单击"插入"选项卡，在"页眉和页脚"工具栏中，单击"页码"按钮，选择"页面底端"→"居中"形式，如图3-40所示。在新出现的"设计"选项卡中，在"导航"工具组中，单击"链接到前一节"，如图3-41所示，在"页眉和页脚"工具组中，单击"页码"按钮，选择"设置页码格式"，出现"页码格式"对话框，选择罗马形式的页码，如图3-42所示。

目录设置好页码之后，再用同样的方法设置正文页码，即在目录这一页末尾插入分节符，再插入页码。页眉的方法也是如此，主要是分节符的熟练运用，此处不再赘述。

图3-40 设置页码格式

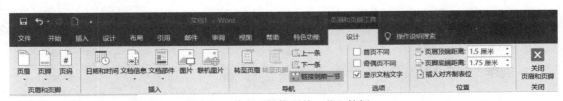

图3-41 单击"链接到前一节"按钮

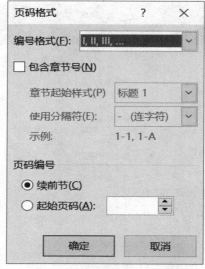

图 3-42 "页码格式"对话框

## 3.5 综合应用二：求职简历

### 3.5.1 案例的提出与分析

小王是一个马上就要毕业的大学生，正准备找工作，首先要做的就是制作一份求职简历。知道简历在求职中的重要性，小王不敢怠慢，找到了自己的大学老师请教，老师根据小王自身的情况，对求职简历的制作给出了建议。

如何制作出一份精美的求职简历，老师给小王提出了如下建议。
- 制作个人简历
- 制作自荐书
- 制作封面

### 3.5.2 案例主要知识点

(1) 字体和段落的格式化
(2) 文本框、形状的使用
(3) 制表位
(4) 打印

### 3.5.3 案例实现步骤

**1. 制作"自荐书"**

(1) 启动 Word 2016，单击"布局"→"页面设置"，打开"页面设置"对话框，如图

3-43 所示，将纸张设置为 A4 纸，上、下、左、右的页边距都设置为 2.5 厘米，单击“确定”按钮，以“自荐书”为文件名保存。

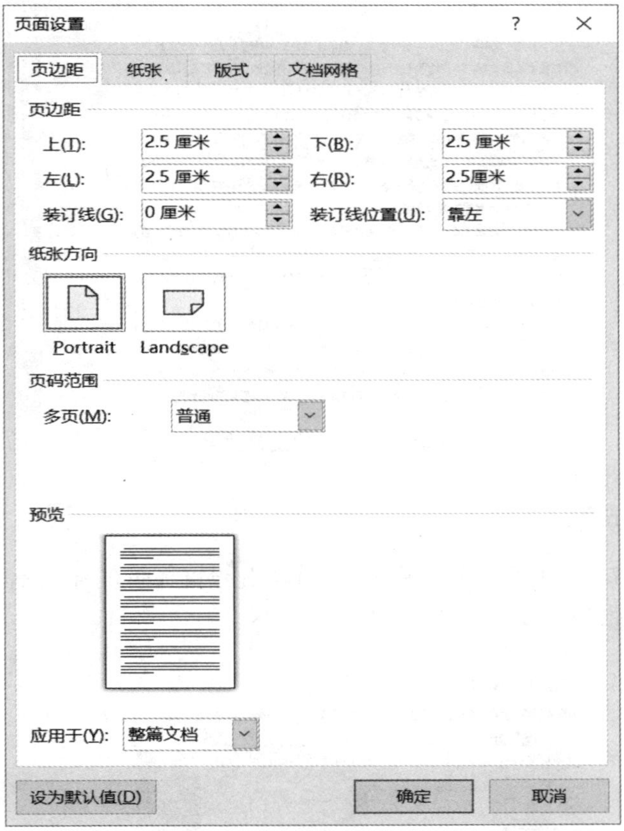


图 3-43　“页面设置”对话框

(2) 在编辑区域输入如图 3-44 所示的文字。

自荐书
尊敬的领导：
您好！
我是一名即将毕业的本科毕业生。我很荣幸有机会向您呈上我的个人资料。在投身社会之际，为了更好地发挥自己的才能，谨向各位领导作一下自我推荐。
美好的大学生活，培养了我科学严谨的思维方法，更造就了我积极乐观的生活态度和开拓进取的创新意识.课堂内外拓展的广博的社会实践、扎实的基础知识和开阔的视野，使我更了解社会；在不断的学习和工作中养成的严谨、踏实的工作作风和团结协作的优秀品质，使我深信自己完全可以在岗位上守业、敬业、更能创业！我相信我的能力和知识正是贵单位所需要的，我真诚渴望，我能为单位的明天奉献自己的青春和热血。
我个性开朗活泼，兴趣广泛；思路开阔，办事沉稳；关心集体，责任心强；待人诚恳，工作主动认真，富有敬业精神.在四年的学习生活中,我很好的掌握了专业知识,学习成绩一直名列前茅.在学有余力的情况下,我阅读了大量专业和课外书籍，并熟悉掌握了各种设计软件
自荐书不是广告词，不是通行证。但我知道：一个青年人，可以通过不断的学习来完善自己，可以在实践中证明自己。尊敬的先生/小姐，如果我能喜获您的赏识，我一定会尽职尽责地用实际行动向您证明：您的过去，我来不及参与；但您的未来，我愿奉献我毕生的心血和汗水！再次致以我最诚挚的谢意！

图 3-44　自荐书的内容文字

(3) 设置字符格式：将标题字体设置为华文新魏、初号、居中，正文字体设置为宋体、小四、1.5 倍行距，首行缩进 2 字符(第一段除外)，设置效果如图 3-45 所示。

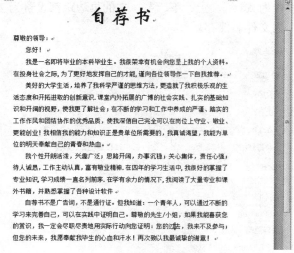

图 3-45　自荐书的设置效果

### 2. 制作"个人简历"

(1) 创建如图 3-46 所示的个人简历并输入文本。先设置页面布局：上、下、左、右的页边距均为 1.27cm，纸张为 A4，方向是纵向。

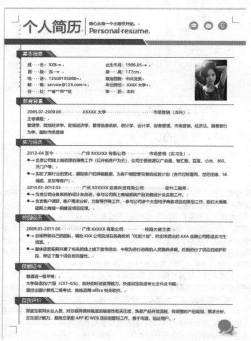

图 3-46　个人简历

(2) 插入两个文本框，输入以下内容"个人简历，细心从每一个小细节开始，Personal resume"，在两个文本框中间插入垂直线，并将这三个对象组合。在右面插入三个图标。单击"插入"选项卡，在"文本"工具组中单击"文本框"按钮，绘制文本框并输入内容；单击"插入"选项卡,在"插图"工具组中单击"形状"按钮,画出垂直线;单击"插入"选项卡,在"插图"工具组中单击"图片"按钮,插入图标。

(3) 单击"插入"选项卡,在"插图"工具组中单击"形状"按钮,选择矩形形状,拖动鼠标,画出矩形之后,选择此形状,出现如图3-47所示的"绘图工具"的"格式"选项卡,单击"编辑顶点",将矩形形状调整成条形图。

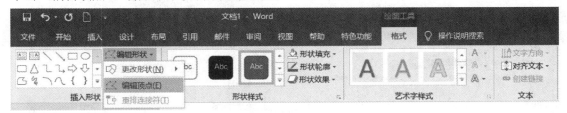

图 3-47　编辑形状

依次绘制出效果图中的各个形状,其中,基本信息、教育背景、实习经历等形状也是通过形状的改变来实现的,将"校园经历"、三角形状、直线进行组合。按住 **Ctrl** 键,将这三个对象选中,右击,出现快捷菜单,选择"组合"→"组合"命令,如图3-48所示。

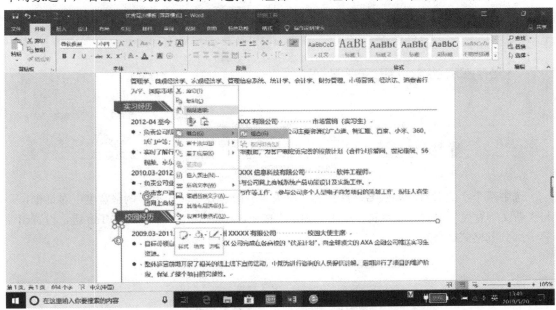

图 3-48　形状的组合

(4) 形状的排列。最左边的垂直线要位于所有形状的下面。选中此垂直线,单击"格式"选项卡,在"排列"工具组中单击"下移一层",选中"置于底层",如图3-49所示。

图 3-49　形状的排列

(5) 每一个标题中的主要内容，通过对话框来实现内容格式的设置：微软雅黑、10 号字体，左对齐。

(6) 设置制表位。在"基本信息"模块中，涉及制表位的使用。打开"段落"对话框，单击"制表位"按钮，打开"制表位"对话框。在"制表位位置"输入 4 字符，单击"设置"按钮，再输入"8 字符"，单击"设置"按钮，如图 3-50 所示。

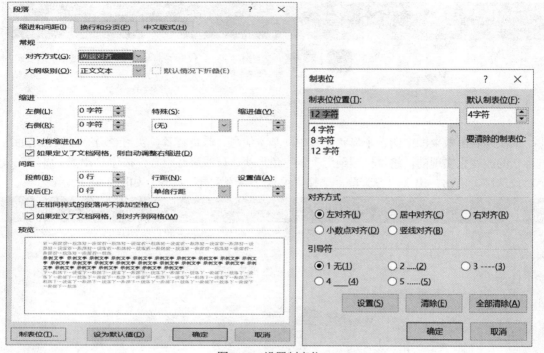

图 3-50　设置制表位

选中两个字的对象，如姓名、性别等，单击"分散对齐"，弹出"调整宽度"对话框，将"新文字宽度"设置为 4 字符，单击"确定"按钮。如图 3-51 所示。通过 Tab 键，设置出第一部分的格式。

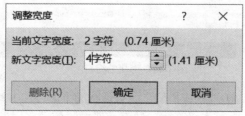

图 3-51　"调整宽度"对话框

### 3. 制作求职信"封面"

(1) 将鼠标放在自荐书前面，单击"插入"选项卡，在"页面"工具组中选择"分页"选项，如图 3-52 所示，插入一页空白页，作为求职信的封面。

图 3-52　插入空白页

(2) 在封面上输入如下文字:"求职简历",字体为"隶书",字号为"初号",字间距为"加宽 5 磅"。插入图片并调整为合适的大小,效果如图 3-53 所示。

图 3-53　插入图片

(3) 输入文字并加下画线,如图 3-54 所示。

图 3-54　输入文字内容

(4) 设置页面边框:单击"页面布局"选项卡,在"页面布局"选项卡中选择"页面设置"选项,打开"页面设置"对话框,选择"版式"选项卡里的"边框"选项,打开"边框和底纹"对话框,进行页面边框设置,如图 3-55 所示。最终的设置效果如图 3-56 所示。

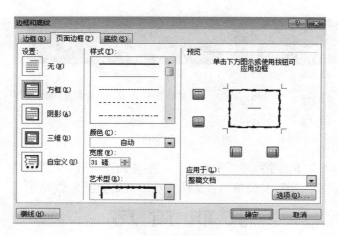

图 3-55 "边框和底纹"对话框

图 3-56 最终的设置效果

### 4. 打印文档

选择"文件"选项卡,在"文件"选项卡中选择"打印"选项,打开"打印"对话框,单击打印机名称选择打印机,然后单击"打印"按钮,如图 3-57 所示。

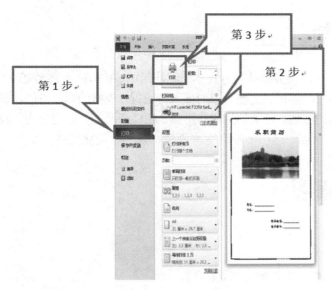

图 3-57 打印文档

**注意：**

论文排版完成后，如果直接拿 Word 文档去打印店打印，可能会出现格式错乱的问题。解决这个方法很简单，那就是把 Word 导出为 PDF。选择"文件"→"导出"命令，单击"创建 PDF/XPS 文档"，如图 3-58 所示。

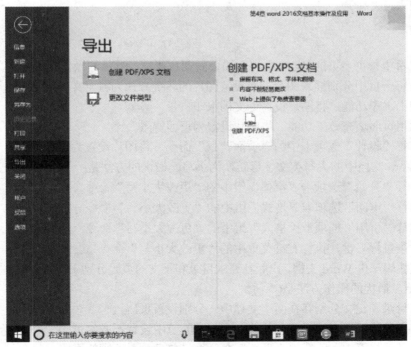

图 3-58 导出为 PDF 格式

## 3.6 本章小结

本章通过案例导入，任务驱动的方式，介绍使用 Word 2016 处理普通文档的方法及文档内容的录入、文档格式的编排、文档对象的插入与设置、表格的制作方法、表格格式的设置、表格的调整、长文档的编辑、目录的生成与更新、邮件合并的方法与应用。通过本章的学习，希望学习者可以根据需要，运用多种命令来创建、设计、美化文档。

## 3.7 思考和练习

**1. 选择题**

(1) Word 2016 文档的文件扩展名是( )。
  A. .doc
  B. .docx
  C. .xls
  D. .pbc

(2) 在 Word 中，不能作为文本转换为表格的分隔符是( )。
  A. 段落标记
  B. 制表符
  C. @
  D. ##

(3) 如果希望一个多页的 Word 文档添加页面图片背景，最优的操作方法是( )。
  A. 在每一页中分别插入图片，并设置图片的环绕方式为衬于文字下方
  B. 利用水印功能，将图片设置为文档水印
  C. 利用页面填充效果功能，将图片设置为页面背景
  D. 执行"设计"选项卡中的"页面背景"命令，将图片设置为页面背景

(4) 将 Word 文档中的大写英文字母转换为小写，最优的方法是( )。
  A. 执行"开始"选项卡"字体"组中的"更改大小写"命令
  B. 执行"审阅"选项卡"格式"组中的"更改大小写"命令
  C. 执行"引用"选项卡"格式"组中的"更改大小写"命令
  D. 单击鼠标右键，执行右键菜单中的"更改大小写"命令

(5) 小斌编辑一份 Word 文档，出版社要求目录和正文的页码分别采用不同的格式，且均从第 1 页开始，最优的操作方法是( )。
  A. 将目录和正文分别存在两个文档中，分别设置页码
  B. 在目录与正文之间插入分节符，在不同的节中设置不同的页码
  C. 在目录与正文之间插入分页符，在分页符前后设置不同的页码
  D. Word 中不设置页码，将其转换为 PDF 格式时再增加页码

2. 填空题

(1) 在 Word 2016 编辑状态下，利用_____组合键，可以在安装的各种输入法之间切换。

(2) 插入/改写状态的切换，可以通过按键盘_____键来实现。

(3) 在 Word 中为了能在打印之前看到打印后的效果，以节省纸张和重复打印花费的时间，一般可采用_____的方法。

(4) 在 Word 中，如果要选定较长的文档内容，可先将光标定位于其起始位置，再按住_____键，单击其结束位置即可。

(5) 在 Word 2016 中插入分页符的快捷键是_____。

3. 简答题

(1) Word 2016 文档中有哪几种视图方式？如何切换？

(2) 在 Word 2016 文档中，编辑图形有哪些操作？设置图形有哪些操作？

(3) 在 Word 2016 文档中，如何添加目录？

(4) Word 2016 文档进行加密的方法有哪些？

(5) 如何对 Word 2016 进行设置？

4. 操作题

(1) 小李正在撰写毕业论文，且要求只用 A4 规格的纸输出，在打印预览中，发现最后一页只有一行文字，他想把这行文字提到上一页，其操作方法有哪些？

(2) 设计并制作一份个人简历。

# 第 4 章
# 电子表格处理软件Excel 2016

本章主要介绍 Excel 2016 电子表格的基础知识，结合具体项目任务介绍工作簿、工作表的建立、编辑等最基本的数据输入操作；通过对数据按需求进行计算、排序、筛选、分类汇总等数据处理及分析的应用，训练学生对数据的处理能力。

**本章的学习目标：**
- 掌握 Excel 电子表格的创建、工作簿的管理
- 掌握 Excel 工作表的基本操作
- 掌握 Excel 不同类型数据的录入方法
- 掌握数据自动填充、公式和常用函数的使用方法
- 掌握图表的插入和编辑方法
- 掌握数据的排序、筛选、分类汇总的基本方法
- 了解数据透视表的作用及其制作方法

## 4.1 Excel 概述

### 4.1.1 Excel 介绍

Excel 2016 是 Office 办公软件套装中的电子表格处理软件，主要用来进行创建表格、公式计算、财务分析、数据分析汇总、图表制作、透视表和透视图制作等。Excel 被广泛应用在财务、金融、经济、审计和统计等领域。

Excel 2016 工作界面如图 4-1 所示。

### 4.1.2 Excel 中的基本概念

**1. 工作簿**

一个 Excel 文件称为一个工作簿，它的扩展名是.xlsx(Excel 2003 及以前版本的工作簿扩展名为.xls)。

图 4-1　Excel 2016 工作界面

### 2. 工作表

工作簿中的每一个表称为工作表(Worksheet)。每个工作表下面都会有一个标签，第一个工作表默认为 Sheet1，第二个工作表默认为 Sheet2，以此类推。选中其中的一个工作表，单击鼠标右键，可以插入、删除、重命名、移动或复制工作表等，如图 4-2 所示。Excel 2016 的一个工作簿中默认情况下包含三个工作表。在实际的使用过程中，用户可以根据自己的需要增加或删除工作表。

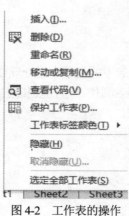

图 4-2　工作表的操作

### 3. 单元格

每个工作表是由 1048576 行和 16384 列所构成的一个表格。行从数字 1 开始表示，依次为

1、2、3…；列从字母 A 开始表示，依次为 A、B、…、Z、AA、AB…。工作表中的行和列交叉的每个格子称为单元格，是工作表的最小单位，引用方法为：列标行号，例如 B5、G8，最后一个单元格的地址是 XFD16384。

#### 4. 填充柄

填充柄是位于选定区域右下角的小黑方块。用鼠标指向填充柄时，鼠标的指针更改为实心黑十字。主要用于对数据进行方便快捷的填充。

#### 5. 单元格区域

使用鼠标拖放，可以选定一个单元格区域。表示的方法是左上角单元格名:右下角单元格名。比如 B2:C5 就是一个单元格的区域，包括 B2、B3、B4、B5、C2、C3、C4、C5 单元格的范围，如图 4-3 所示。

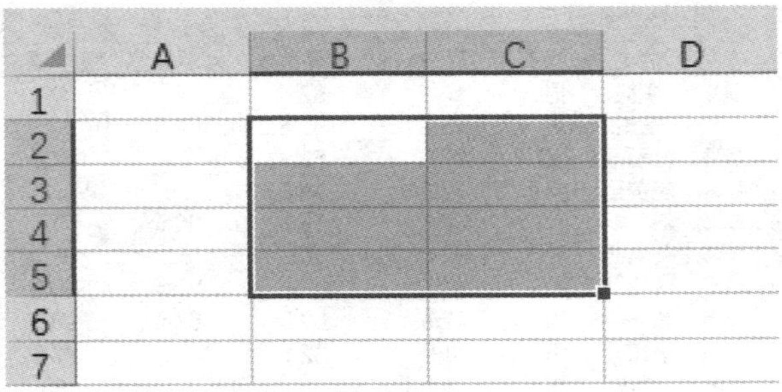

图 4-3　单元格区域

不连续的单元格区域的选定方法：拖放鼠标先选定一个单元格区域，然后按下 Ctrl 键，再选定另外的单元格区域，表示选定不连续的单元格区域，多个区域中间用英文半角逗号间隔。比如：(B3:D5,E7:G9)，表示单元格区域 B3:D5 及 E7:G9。

### 4.1.3　Excel 启动和退出方法

#### 1. 启动 Excel

方法一：单击"开始"菜单，选择"所有程序"下的 Microsoft Office→Microsoft Office Excel 2016 命令，即可启动 Excel 2016。

方法二：如果桌面上有 Excel 2016 的快捷方式图标，直接双击启动 Excel 2016。

方法三：如果任务栏快速启动区有 Excel 2016 的快捷方式图标，单击启动 Excel 2016。

#### 2. 退出 Excel

方法一：选择"文件"选项卡，在弹出的下拉菜单中选择"退出"或"关闭"命令。如果系统当前只是打开一个 Excel 文档，选择"退出"或"关闭"命令都能够关闭文档并退出；如果系统当前打开多个 Excel 文档，选择"退出"将关闭所有打开的 Excel 文档并退出 Excel 系统，选择"关闭"命令则只退出当前 Excel 文档，不影响其他打开的 Excel 文档。

方法二：按 Alt+F4 组合键。
方法三：单击 Excel 2016 窗口右上角的"关闭"按钮×。
方法四：双击 Excel 2016 窗口标题栏左上角的控制按钮图标。

## 4.2 工作簿的创建与工作表的编辑

### 4.2.1 案例的提出与分析

2018—2019 学年第一学期考试结束，作为 2018 信息安全班主任，宋老师需要对该班同学的考试成绩进行统计分析，以便从各个角度了解该班同学的学习情况。首先，宋老师需要将学生的各项成绩输入表格中，内容如图 4-4 所示。

| 学号 | 姓名 | 性别 | 计算机基础 | 高等数学 | 大学英语 | 大学语文 |
|---|---|---|---|---|---|---|
| 001 | 高毅 | 男 | 66.5 | 92.5 | 95.5 | 98 |
| 002 | 王威 | 男 | 73.5 | 91.5 | 64.5 | 93.5 |
| 003 | 张丽丽 | 女 | 75.5 | 62.5 | 87 | 94.5 |
| 004 | 赵美丽 | 女 | 79.5 | 98.5 | 68 | 100 |
| 005 | 刘一帆 | 女 | 82.5 | 63.5 | 90.5 | 97 |
| 006 | 黄久东 | 男 | 82.5 | 78 | 81 | 96.5 |
| 007 | 侯晓飞 | 男 | 84.5 | 71 | 99.5 | 89.5 |
| 008 | 魏一鸣 | 男 | 87.5 | 63.5 | 67.5 | 98.5 |
| 009 | 李巧珍 | 男 | 88 | 82.5 | 83 | 75.5 |
| 010 | 刘华 | 男 | 92 | 64 | 97 | 93 |

图 4-4 成绩表内容

### 4.2.2 案例主要知识点

(1) 工作簿的创建、保存、关闭及打开方法。
(2) 工作表的编辑、单元格及单元格区域的选定、行和列的选择、各种类型数据的输入。
(3) 工作表的填充、删除、重命名操作。

### 4.2.3 案例实现步骤

**1. 在当前工作簿的第一个工作表 sheet1 中输入数据**

(1) 启动 Excel，选择"文件"选项卡，在弹出的下拉菜单中选择"新建"选项，新建一个空白工作簿；选择"文件"选项卡，在弹出的下拉菜单中选择"另存为"选项，打开"另存为"对话框，选择文件的存储路径，输入工作簿名称"成绩表"后单击"保存"按钮。

(2) 在"成绩表"工作簿的第一个工作表 Sheet1 中输入如图 4-4 所示的数据。

**提示：**

输入学号 001 时，默认状态下不能直接输入数字 001，而应把其当作文本输入，可在输入数字 001 前先输入英文半角的单引号，或者将单元格格式设为"文本"后再输入数字 001。输完第一个学号之后，后面的学号可以使用填充柄填充，即将鼠标放在 A2 单元格右下角(鼠标指针变成黑十字)，向下拖动填充柄到 A11，其余的数据按图 4-4 所示输入。

(3) 调整列宽及数据对齐方式：选择 A 到 G 的所有列，单击其中一个列边界自动调整到合适的列宽，或分别拖动各列的列边界到合适的列宽；选择 A1 到 G11 单元格，在"开始"选项卡中，选择工具组上的对齐方式，设置对齐方式为：水平居中、垂直居中，效果如图 4-5 所示。

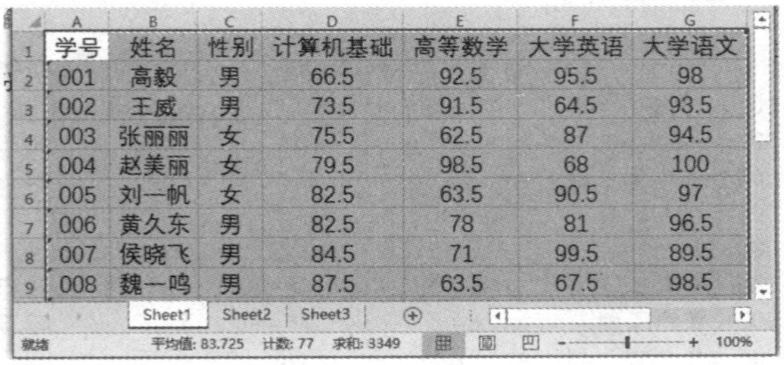

图 4-5　设置对齐方式

(4) 设置数据有效性。

各科成绩采取百分制，输入成绩时只允许输入 0～100 的数，如不在此范围可报错。选定输入成绩区域 D2:G11，从"数据"选项卡中选择"数据"工具组中的"数据验证"，按要求对验证条件、输入信息、出错警告等进行设置。

**2. 对"成绩表"进行格式化设置**

(1) 在表格第一行前插入一行，在单元格 A1 中输入"18 信息安全成绩表"作为表格标题，设置表格标题跨列居中：选择 A1 到 G1 单元格区域，在"开始"选项卡中选择"合并后居中"按钮，将表头的字体设置为华文楷体、加粗、20 磅、蓝色，效果如图 4-6 所示。

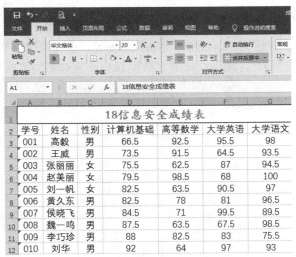

图 4-6　表格标题的设置

(2) 选择 A2 到 G12 单元格所有的字段名称，选择"开始"选项卡，通过工具组设置字体为：宋体、16 磅、加粗、颜色自动，设置表格中的其他数据为楷体、15 磅、黑色。效果如图 4-7 所示。

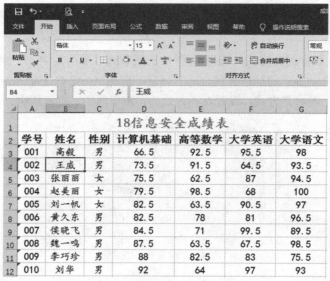

图 4-7　文本设置效果

### 3. 建立一个学生信息表并输入数据

(1) 将 Sheet1 表中的学号、姓名、性别列复制到 Sheet2 表中的相应列：选中 Sheet1 表中学号、姓名、性别列的单元格区域，按快捷键 Ctrl+C，选中 Sheet2 表中相应区域的第一个单元格，按快捷键 Ctrl+V，其余数据按如图 4-8 所示输入，要求新输入数据的字体、字号、对齐方式均与学号、姓名、性别列相同。

提示：

如需带源格式复制可选择"开始"选项卡中的"粘贴"下的"保留源格式"。

(2) 将鼠标放在工作表标签 Sheet2 中，单击鼠标右键，选择快捷菜单中的"重命名"命令，将 Sheet2 重命名为"信息表"，使用同样的方法将 Sheet1 重命名为"成绩表"。

| | A | B | C | D |
|---|---|---|---|---|
| 1 | 学号 | 姓名 | 性别 | 出生日期 |
| 2 | 001 | 高毅 | 男 | 2000/3/12 |
| 3 | 002 | 王威 | 男 | 1999/12/4 |
| 4 | 003 | 张丽丽 | 女 | 2000/10/5 |
| 5 | 004 | 赵美丽 | 女 | 1999/4/15 |
| 6 | 005 | 刘一帆 | 女 | 1998/8/28 |
| 7 | 006 | 黄久东 | 男 | 1998/11/24 |
| 8 | 007 | 侯晓飞 | 男 | 2000/6/12 |
| 9 | 008 | 魏一鸣 | 男 | 2000/5/9 |
| 10 | 009 | 李巧珍 | 男 | 1999/6/18 |
| 11 | 010 | 刘华 | 男 | 2000/7/20 |

图 4-8　信息表

(3) 删除Sheet3：单击工作表标签Sheet3，单击鼠标右键，选择快捷菜单中的"删除"命令。

提示：
案例完成过程中，谨记进行阶段性保存，防止意外丢失数据。

## 4.3 工作表的格式设置

### 4.3.1 案例的提出与分析

宋老师在工作表中输入完数据，考虑到工作表肯定要供学生浏览，其外观修饰也不可忽视。因此，要把工作表进行格式化设置，使工作表美观悦目、符合要求。

### 4.3.2 案例主要知识点

(1) 边框和底纹的设置。
(2) 条件格式的设置。
(3) 行高和列宽的设置。

### 4.3.3 案例实现步骤

#### 1. 工作表边框和底纹的修饰

(1) 选中要设置的单元格区域，单击鼠标右键，选择"设置单元格格式"命令，打开"设置单元格格式"对话框，在对话框中选择"填充"选项卡，按照如图 4-9 所示进行设置，底色设为浅灰色。

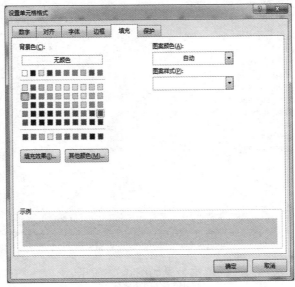

图 4-9　底纹设置

(2) 选中要设置的单元格区域,单击鼠标右键,选择"设置单元格格式"命令,打开"设置单元格格式"对话框,在对话框中选择"边框"选项卡,按照如图4-10所示进行设置,将外边框设为粗线,内边框设为细线。

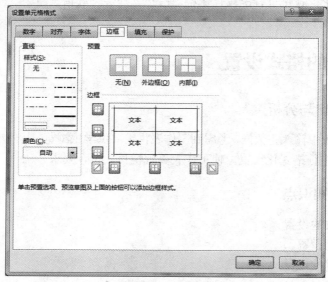

图 4-10　边框设置

(3) 将所有文字居中对齐:选中要设置的单元格区域,单击鼠标右键,选择"设置单元格格式"命令,打开"设置单元格格式"对话框,在对话框中选择"对齐"选项卡,按照如图4-11所示进行设置,将所有文字居中对齐。

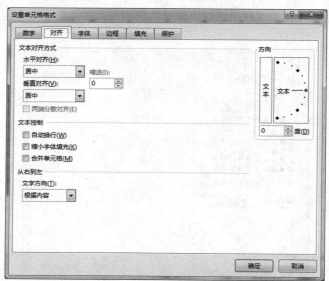

图 4-11　文字对齐设置

经过上述步骤后,"成绩表"的修饰效果如图4-12所示。

图 4-12 修饰完成后的效果

### 2. 条件格式的设定

(1) 选择成绩表的单元格区域 C3：G12，如图 4-13 所示。

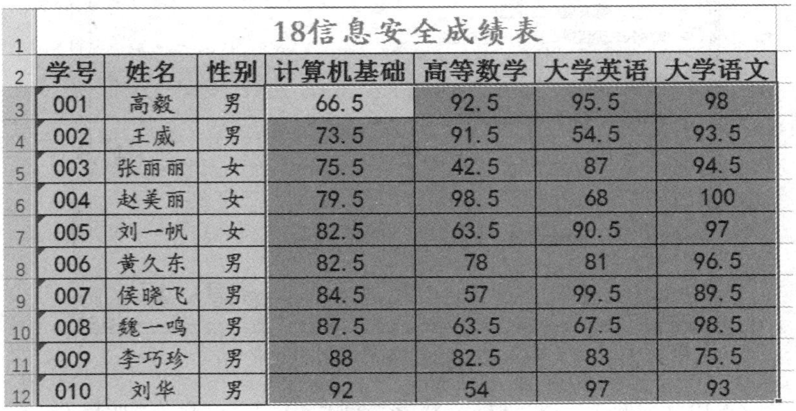

图 4-13 选定条件区域

(2) 从"开始"选项卡的"样式"工具组中选择"条件格式"选项，在其下拉列表中选择"新建规则"命令，如图 4-14 所示。

图 4-14 选择"新建规则"命令

(3) 在打开的"新建格式规则"对话框中,"选择规则类型"为"只为包含以下内容的单元格设置格式",在"编辑规则说明"中按照条件单元格值小于 60 的标准设置填入内容,单击"格式"按钮,如图 4-15 所示。

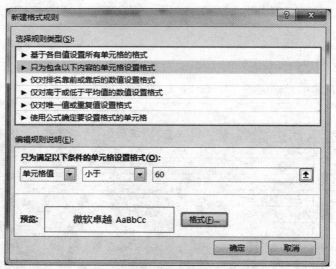

图 4-15 新建格式规则的建立

(4) 打开"设置单元格格式"对话框,将字体颜色设为"红色""加粗",单击"确定"按钮,如图 4-16 所示。

(5) 设置完成后的"新建格式规则"对话框如图 4-17 所示,单击"确定"按钮。

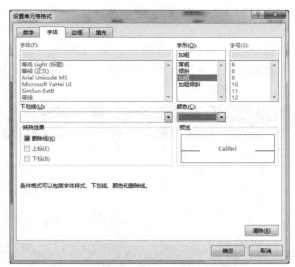

图 4-16　满足条件的数值的字体设定

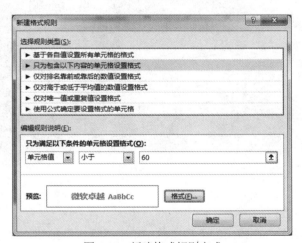

图 4-17　新建格式规则完成

上述步骤完成后，成绩表效果如图 4-18 所示，明显看到不及格的成绩呈红色加粗显示。

| | A | B | C | D | E | F | G |
|---|---|---|---|---|---|---|---|
| 1 | 18信息安全成绩表 | | | | | | |
| 2 | 学号 | 姓名 | 性别 | 计算机基础 | 高等数学 | 大学英语 | 大学语文 |
| 3 | 001 | 高毅 | 男 | 66.5 | 92.5 | 95.5 | 98 |
| 4 | 002 | 王威 | 男 | 73.5 | 91.5 | 54.5 | 93.5 |
| 5 | 003 | 张丽丽 | 女 | 75.5 | 42.5 | 87 | 94.5 |
| 6 | 004 | 赵美丽 | 女 | 79.5 | 98.5 | 68 | 100 |
| 7 | 005 | 刘一帆 | 女 | 82.5 | 63.5 | 90.5 | 97 |
| 8 | 006 | 黄久东 | 男 | 82.5 | 78 | 81 | 96.5 |
| 9 | 007 | 侯晓飞 | 男 | 84.5 | 57 | 99.5 | 89.5 |
| 10 | 008 | 魏一鸣 | 男 | 87.5 | 63.5 | 67.5 | 98.5 |
| 11 | 009 | 李巧珍 | 男 | 88 | 82.5 | 83 | 75.5 |
| 12 | 010 | 刘华 | 男 | 92 | 54 | 97 | 93 |



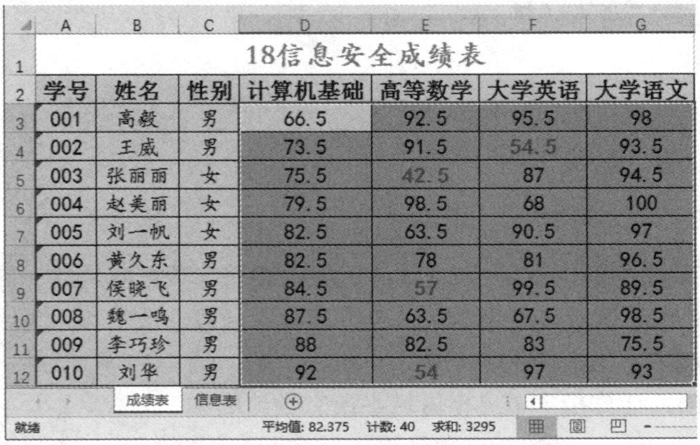

图 4-18　条件格式设置完成后的效果

3. 设置单元格的行高

选定相应的行，单击鼠标右键，选择"行高"命令，将行高设置为 25 磅，效果如图 4-19 所示。如果行高不需要具体的值，也可以将光标移到两行交界处，当光标形状呈上下箭头时按下鼠标左键拖动到合适的行高位置即可。

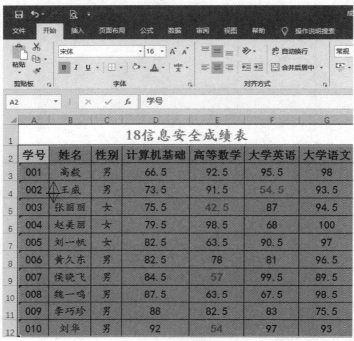

图 4-19　设置行高

4. 保存文件

选择"文件"选项卡，在弹出的下拉菜单中单击"保存"按钮，保存文件。

## 4.4 函数与公式应用

### 4.4.1 函数与公式

1. 函数

Excel 函数是 Excel 中的内置函数。Excel 函数主要包含数据库函数、日期与时间函数、工程函数、财务函数、信息函数、逻辑函数、查询和引用函数、数学和三角函数、统计函数、文本函数等。数据处理中常用的函数如下：

(1) 函数 SUM( )：计算指定单元格区域中所有数值的和。

(2) 函数 AVERAGE( )：计算指定单元格区域中所有数据的平均值。

(3) 函数 COUNT( )：计算选定区域中包含数字的单元格的个数。
(4) 求最大值函数 MAX( )：返回选定区域数值中的最大值，忽略逻辑值及文本。
(5) 求最小值函数 MIN( )：返回选定区域数值中的最小值，忽略逻辑值及文本。
(6) 函数 IF( )：如果满足某个条件，指定单元格里的数据取其中的一个值，否则取另外的值。其格式为：IF(A, B, C)，其中 A 为条件表达式，如果其值为真，所在单元格的数据取 B，否则取 C。

### 2. 公式

公式是可以进行执行计算、返回信息、测试条件等操作的方程式。公式始终以等号(=)开头。公式可以包含函数、单元格引用、运算符、常量等。

### 3. 单元格引用

单元格引用是指用于表示单元格在工作表中所处位置的坐标集。例如，显示在第 B 列和第 3 行交叉处的单元格，其引用形式为"B3"。

**相对引用**：Excel 2016 中默认的单元格引用方式，如 A1、A2 等。表示数据是从本表中的 A1、A2 提取，但是当复制公式的时候，内容是会随着行和列的变动而变动的。相对于原来的单元格，随着行和列的变化而发生改变。

**绝对引用**：在单元格行号或列号前均加"$"符号表示绝对引用，如$A$1、$C$4 等。凡是加了"$"符号的引用，不管公式复制到什么地方，数据都不会发生任何改变。绝对取的是该单元格的内容。

**混合引用**：混合相对引用和绝对引用的引用，如$A2、F$3 等。有"$"的引用，复制公式的时候，内容不会改变，没有"$"的引用，内容会随着单元格的行列位置的变化而变化。

### 4. 多表引用

在公式和函数的计算中，常常需要引用单元格中的数据。单元格可以来自本表，也可以来自其他工作表。

**本表引用**：公式中的数据来自本表。

**外表引用**：如果单元格公式中的数据来自其他工作表，通常在单元格前面加表名及感叹号来表示。

一般情况下，用鼠标在外表单元格直接点选后，会自动加上外表的名称。

**多表引用**：工作表中的数据来自一个以上的表格称为多表引用。

## 4.4.2 案例的需求与分析

设置好工作表中的格式以后，还需要利用函数计算出总分、平均分、名次、等级等数据。所以接下来要对所有数据进行统计，利用公式和函数计算出相应的数值。

## 4.4.3 案例主要知识点

(1) SUM()函数——求和。

(2) AVERAGE()函数——求平均值。

(3) COUNT()函数——计算数值个数。

(4) MAX()函数——求最大值。

(5) MIN()函数——求最小值。

(6) RANK()函数——返回某数字在一列数字中相对于其他数值的大小排名。

(7) IF()函数——逻辑函数根据logical_test逻辑计算的真假值，返回不同的结果。

(8) 公式的使用。

### 4.4.4 案例实现步骤

在“成绩表”工作表中添加“总分”“名次”和“等级”列标题，表数据下方添加“最高分”“最低分”“平均分”项，格式统一，如图 4-20 所示。

#### 1. 求成绩表中的“总分”项

选择“成绩表”工作表，在 H3 单元格中输入函数“=SUM(B3：B10)”后单击“输入”按钮或直接按回车键。输入过程如图 4-20 所示。计算好第一人的总分后，可使用自动填充柄，将鼠标放在 H3 单元格的右下角(出现黑色的十字)，拖动鼠标到 H12，将 H3 单元格里的公式复制到 H4：H12 单元格区域中，结果如图 4-21 所示。

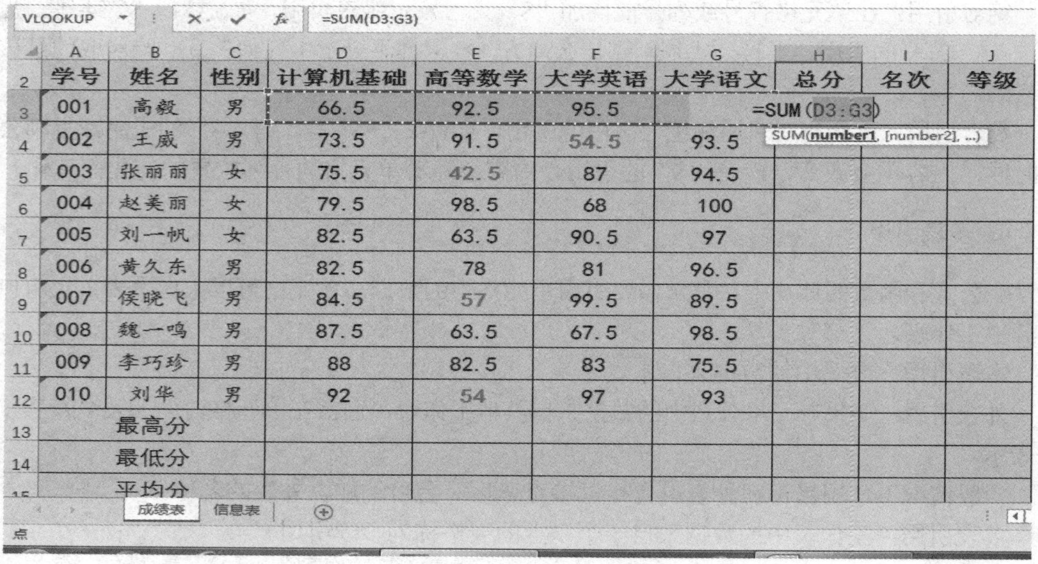


| | A | B | C | D | E | F | G | H | I | J |
|---|---|---|---|---|---|---|---|---|---|---|
| 2 | 学号 | 姓名 | 性别 | 计算机基础 | 高等数学 | 大学英语 | 大学语文 | 总分 | 名次 | 等级 |
| 3 | 001 | 高毅 | 男 | 66.5 | 92.5 | 95.5 | | =SUM(D3:G3) | | |
| 4 | 002 | 王威 | 男 | 73.5 | 91.5 | 54.5 | 93.5 | | | |
| 5 | 003 | 张丽丽 | 女 | 75.5 | 42.5 | 87 | 94.5 | | | |
| 6 | 004 | 赵美丽 | 女 | 79.5 | 98.5 | 68 | 100 | | | |
| 7 | 005 | 刘一帆 | 女 | 82.5 | 63.5 | 90.5 | 97 | | | |
| 8 | 006 | 黄久东 | 男 | 82.5 | 78 | 81 | 96.5 | | | |
| 9 | 007 | 侯晓飞 | 男 | 84.5 | 57 | 99.5 | 89.5 | | | |
| 10 | 008 | 魏一鸣 | 男 | 87.5 | 63.5 | 67.5 | 98.5 | | | |
| 11 | 009 | 李巧珍 | 男 | 88 | 82.5 | 83 | 75.5 | | | |
| 12 | 010 | 刘华 | 男 | 92 | 54 | 97 | 93 | | | |
| 13 | | 最高分 | | | | | | | | |
| 14 | | 最低分 | | | | | | | | |
| 15 | | 平均分 | | | | | | | | |

图 4-20　SUM()函数——求和输入过程

也可在 H3 单元格中输入公式“=D3+E3+F3+G3”。

#### 2. 使用函数求每门课程的最高分、最低分及平均分

选择“成绩表”，在 D13 单元格中输入函数“= AVERAGE(D3:D12)”后单击“输入”按钮。同理求最低分、平均分，结果如图 4-22 所示。

| | A | B | C | D | E | F | G | H | I | J |
|---|---|---|---|---|---|---|---|---|---|---|
| 2 | 学号 | 姓名 | 性别 | 计算机基础 | 高等数学 | 大学英语 | 大学语文 | 总分 | 名次 | 等级 |
| 3 | 001 | 高毅 | 男 | 66.5 | 92.5 | 95.5 | 98 | 352.5 | | |
| 4 | 002 | 王威 | 男 | 73.5 | 91.5 | 54.5 | 93.5 | 313 | | |
| 5 | 003 | 张丽丽 | 女 | 75.5 | 42.5 | 87 | 94.5 | 299.5 | | |
| 6 | 004 | 赵美丽 | 女 | 79.5 | 98.5 | 68 | 100 | 346 | | |
| 7 | 005 | 刘一帆 | 女 | 82.5 | 63.5 | 90.5 | 97 | 333.5 | | |
| 8 | 006 | 黄久东 | 男 | 82.5 | 78 | 81 | 96.5 | 338 | | |
| 9 | 007 | 侯晓飞 | 男 | 84.5 | 57 | 99.5 | 89.5 | 330.5 | | |
| 10 | 008 | 魏一鸣 | 男 | 87.5 | 63.5 | 67.5 | 98.5 | 317 | | |
| 11 | 009 | 李巧珍 | 男 | 88 | 82.5 | 83 | 75.5 | 329 | | |
| 12 | 010 | 刘华 | 男 | 92 | 54 | 97 | 93 | 336 | | |

图 4-21  SUM()函数——求和结果

| | A | B | C | D | E | F | G | H | I | J |
|---|---|---|---|---|---|---|---|---|---|---|
| 2 | 学号 | 姓名 | 性别 | 计算机基础 | 高等数学 | 大学英语 | 大学语文 | 总分 | 名次 | 等级 |
| 3 | 001 | 高毅 | 男 | 66.5 | 92.5 | 95.5 | 98 | 352.5 | | |
| 4 | 002 | 王威 | 男 | 73.5 | 91.5 | 54.5 | 93.5 | 313 | | |
| 5 | 003 | 张丽丽 | 女 | 75.5 | 42.5 | 87 | 94.5 | 299.5 | | |
| 6 | 004 | 赵美丽 | 女 | 79.5 | 98.5 | 68 | 100 | 346 | | |
| 7 | 005 | 刘一帆 | 女 | 82.5 | 63.5 | 90.5 | 97 | 333.5 | | |
| 8 | 006 | 黄久东 | 男 | 82.5 | 78 | 81 | 96.5 | 338 | | |
| 9 | 007 | 侯晓飞 | 男 | 84.5 | 57 | 99.5 | 89.5 | 330.5 | | |
| 10 | 008 | 魏一鸣 | 男 | 87.5 | 63.5 | 67.5 | 98.5 | 317 | | |
| 11 | 009 | 李巧珍 | 男 | 88 | 82.5 | 83 | 75.5 | 329 | | |
| 12 | 010 | 刘华 | 男 | 92 | 54 | 97 | 93 | 336 | | |
| 13 | | 最高分 | | 92 | 98.5 | 99.5 | 100 | 352.5 | | |
| 14 | | 最低分 | | 66.5 | 42.5 | 54.5 | 75.5 | 299.5 | | |
| 15 | | 平均分 | | 81.2 | 72.35 | 82.35 | 93.6 | 329.5 | | |

图 4-22  计算结果

### 3. 统计人数

选择"成绩表",在 A16 单元格中输入"人数",合并单元格 A16、B16、C16,在 D16 单元格中输入函数:COUNT(D3:D12)后单击"输入"按钮,结果如图 4-23 所示。(本次操作通过统计计算机基础考试的成绩来统计人数,如果通过姓名统计人数可使用 COUNTA 函数,可自行操作实验)。

### 4. 计算名次

选择"成绩表",在 G3 单元格中输入函数:=RANK(H3,$H$3:$H$12,0)后单击"输入"按钮,或者使用函数对话框进行相关参数设置,如图 4-24 所示。统计结果如图 4-25 所示。

18信息安全成绩表

| 学号 | 姓名 | 性别 | 计算机基础 | 高等数学 | 大学英语 | 大学语文 | 总分 |
|---|---|---|---|---|---|---|---|
| 001 | 高毅 | 男 | 66.5 | 92.5 | 95.5 | 98 | 352.5 |
| 002 | 王威 | 男 | 73.5 | 91.5 | 54.5 | 93.5 | 313 |
| 003 | 张丽丽 | 女 | 75.5 | 42.5 | 87 | 94.5 | 299.5 |
| 004 | 赵美丽 | 女 | 79.5 | 98.5 | 68 | 100 | 346 |
| 005 | 刘一帆 | 女 | 82.5 | 63.5 | 90.5 | 97 | 333.5 |
| 006 | 黄久东 | 男 | 82.5 | 78 | 81 | 96.5 | 338 |
| 007 | 侯晓飞 | 男 | 84.5 | 57 | 99.5 | 89.5 | 330.5 |
| 008 | 魏一鸣 | 男 | 87.5 | 63.5 | 67.5 | 98.5 | 317 |
| 009 | 李巧珍 | 男 | 88 | 82.5 | 83 | 75.5 | 329 |
| 010 | 刘华 | 男 | 92 | 54 | 97 | 93 | 336 |
| 最高分 | | | 92 | 98.5 | 99.5 | 100 | 352.5 |
| 最低分 | | | 66.5 | 42.5 | 54.5 | 75.5 | 299.5 |
| 平均分 | | | 81.2 | 72.35 | 82.35 | 93.6 | 329.5 |
| 人数 | | | 10 | | | | |

图 4-23　COUNT()函数——统计人数

图 4-24　使用 RANK( )函数

18信息安全成绩表

| 学号 | 姓名 | 性别 | 计算机基础 | 高等数学 | 大学英语 | 大学语文 | 总分 | 名次 | 等级 |
|---|---|---|---|---|---|---|---|---|---|
| 001 | 高毅 | 男 | 66.5 | 92.5 | 95.5 | 98 | 352.5 | 1 | |
| 002 | 王威 | 男 | 73.5 | 91.5 | 54.5 | 93.5 | 313 | 9 | |
| 003 | 张丽丽 | 女 | 75.5 | 42.5 | 87 | 94.5 | 299.5 | 10 | |
| 004 | 赵美丽 | 女 | 79.5 | 98.5 | 68 | 100 | 346 | 2 | |
| 005 | 刘一帆 | 女 | 82.5 | 63.5 | 90.5 | 97 | 333.5 | 5 | |
| 006 | 黄久东 | 男 | 82.5 | 78 | 81 | 96.5 | 338 | 3 | |
| 007 | 侯晓飞 | 男 | 84.5 | 57 | 99.5 | 89.5 | 330.5 | 6 | |
| 008 | 魏一鸣 | 男 | 87.5 | 63.5 | 67.5 | 98.5 | 317 | 8 | |
| 009 | 李巧珍 | 男 | 88 | 82.5 | 83 | 75.5 | 329 | 7 | |
| 010 | 刘华 | 男 | 92 | 54 | 97 | 93 | 336 | 4 | |
| 最高分 | | | 92 | 98.5 | 99.5 | 100 | 352.5 | | |
| 最低分 | | | 66.5 | 42.5 | 54.5 | 75.5 | 299.5 | | |
| 平均分 | | | 81.2 | 72.35 | 82.35 | 93.6 | 329.5 | | |
| 人数 | | | 10 | | | | | | |

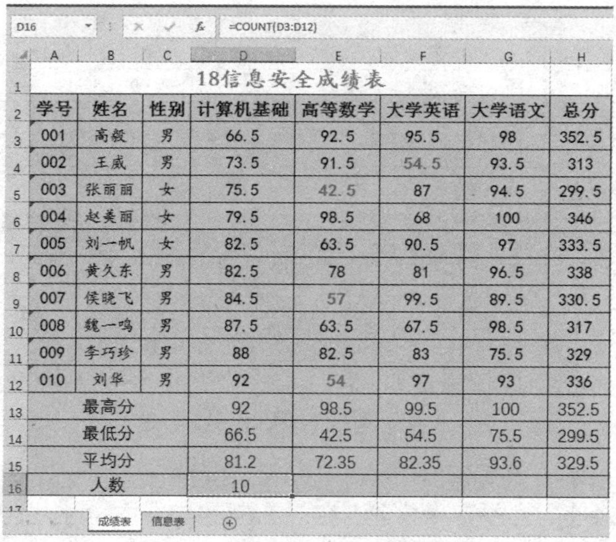

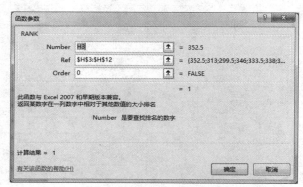

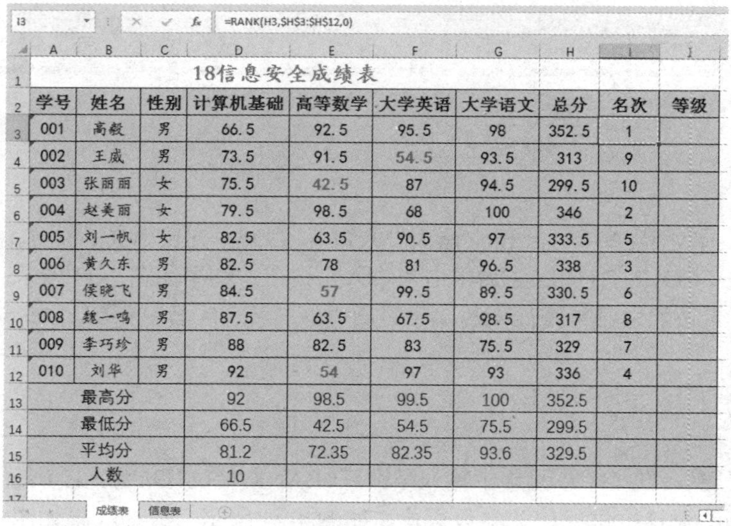

图 4-25　计算名次

#### 5. 计算等级

选择"成绩表",在"名次"前插入一列"平均分"并进行计算,此时发现学号 010 的同学成绩输入有误,进行修正,成绩依次为 62、54、59、63。在 K3 单元格中输入:=IF(I3>=85,"优秀",IF(I3>=60,"合格","差"))后,单击"输入"按钮,结果如图 4-26 所示。

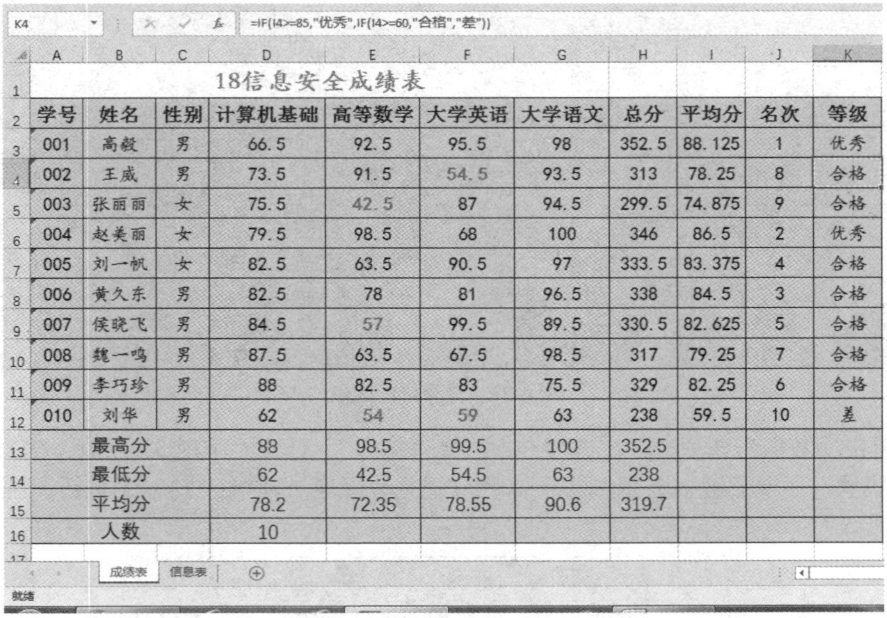

图 4-26 IF 函数的使用

## 4.5 数据管理与图表生成

### 4.5.1 案例的需求与分析

Excel 2016 的数据清单具有类似数据库的特点,可以进行数据的排序、筛选、分类汇总、统计和查询等操作,具有数据库的组织、管理和处理数据的功能。同时为了使数据更直观地显示其提供的信息,可以用图表的方式呈现。宋老师想按照某种方式查看自己需要的数据,如需要了解成绩排名情况、各科成绩比较等均需使用 Excel 的数据管理功能。

数据管理与分析是 Excel 的高级功能,主要包括数据的排序、筛选、分类汇总,创建数据透视表等,可帮助用户更高效地管理和分析数据。

### 4.5.2 案例主要知识点

(1) 对数据进行排序、筛选、分类汇总等操作。
(2) 图表的生成。
(3) 数据透视表的生成及管理。

### 4.5.3 案例实现步骤

**1. 对"成绩表"中的数据按照"总分"进行降序排序**

(1) 打开"成绩表",选择数据区域 A2:K12,如图 4-27 所示。

| 学号 | 姓名 | 性别 | 计算机基础 | 高等数学 | 大学英语 | 大学语文 | 总分 | 平均分 | 名次 | 等级 |
|---|---|---|---|---|---|---|---|---|---|---|
| 001 | 高毅 | 男 | 66.5 | 92.5 | 95.5 | 98 | 352.5 | 88.125 | 1 | 优秀 |
| 002 | 王威 | 男 | 73.5 | 91.5 | 54.5 | 93.5 | 313 | 78.25 | 8 | 合格 |
| 003 | 张丽丽 | 女 | 75.5 | 42.5 | 87 | 94.5 | 299.5 | 74.875 | 9 | 合格 |
| 004 | 赵美丽 | 女 | 79.5 | 98.5 | 68 | 100 | 346 | 86.5 | 2 | 优秀 |
| 005 | 刘一帆 | 女 | 82.5 | 63.5 | 90.5 | 97 | 333.5 | 83.375 | 4 | 合格 |
| 006 | 黄久东 | 男 | 82.5 | 78 | 81 | 96.5 | 338 | 84.5 | 3 | 合格 |
| 007 | 侯晓飞 | 男 | 84.5 | 57 | 99.5 | 89.5 | 330.5 | 82.625 | 5 | 合格 |
| 008 | 魏一鸣 | 男 | 87.5 | 63.5 | 67.5 | 98.5 | 317 | 79.25 | 7 | 合格 |
| 009 | 李巧珍 | 男 | 88 | 82.5 | 83 | 75.5 | 329 | 82.25 | 6 | 合格 |
| 010 | 刘华 | 男 | 62 | 54 | 59 | 63 | 238 | 59.5 | 10 | 差 |

图 4-27 选择排序区域

(2) 单击"数据"选项卡,在选项卡中选择"排序",打开"排序"对话框,按如图 4-28 所示进行设置,主要关键字选择"总分",次序选择"降序"。单击"确定"按钮,排序结果如图 4-29 所示。

图 4-28 排序参数设置

| 学号 | 姓名 | 性别 | 计算机基础 | 高等数学 | 大学英语 | 大学语文 | 总分 | 平均分 | 名次 | 等级 |
|---|---|---|---|---|---|---|---|---|---|---|
| 001 | 高毅 | 男 | 66.5 | 92.5 | 95.5 | 98 | 352.5 | 88.125 | 1 | 优秀 |
| 004 | 赵美丽 | 女 | 79.5 | 98.5 | 68 | 100 | 346 | 86.5 | 2 | 优秀 |
| 006 | 黄久东 | 男 | 82.5 | 78 | 81 | 96.5 | 338 | 84.5 | 3 | 合格 |
| 005 | 刘一帆 | 女 | 82.5 | 63.5 | 90.5 | 97 | 333.5 | 83.375 | 4 | 合格 |
| 007 | 侯晓飞 | 男 | 84.5 | 57 | 99.5 | 89.5 | 330.5 | 82.625 | 5 | 合格 |
| 009 | 李巧珍 | 男 | 88 | 82.5 | 83 | 75.5 | 329 | 82.25 | 6 | 合格 |
| 008 | 魏一鸣 | 男 | 87.5 | 63.5 | 67.5 | 98.5 | 317 | 79.25 | 7 | 合格 |
| 002 | 王威 | 男 | 73.5 | 91.5 | 54.5 | 93.5 | 313 | 78.25 | 8 | 合格 |
| 003 | 张丽丽 | 女 | 75.5 | 42.5 | 87 | 94.5 | 299.5 | 74.875 | 9 | 合格 |
| 010 | 刘华 | 男 | 62 | 54 | 59 | 63 | 238 | 59.5 | 10 | 差 |

图 4-29 排序结果

## 2. 使用"筛选"将高等数学 90 分以上的记录筛选出来

(1) 因数据区域中有合并过的单元格,用鼠标将标题区域的任一单元格选定,选择"数据"选项卡,在选项卡中选择"筛选"选项,如图 4-30 所示。

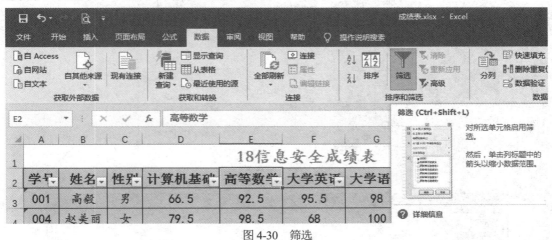

图 4-30　筛选

(2) 在表头的每个字段旁都出现了一个小箭头,如图 4-31 所示。

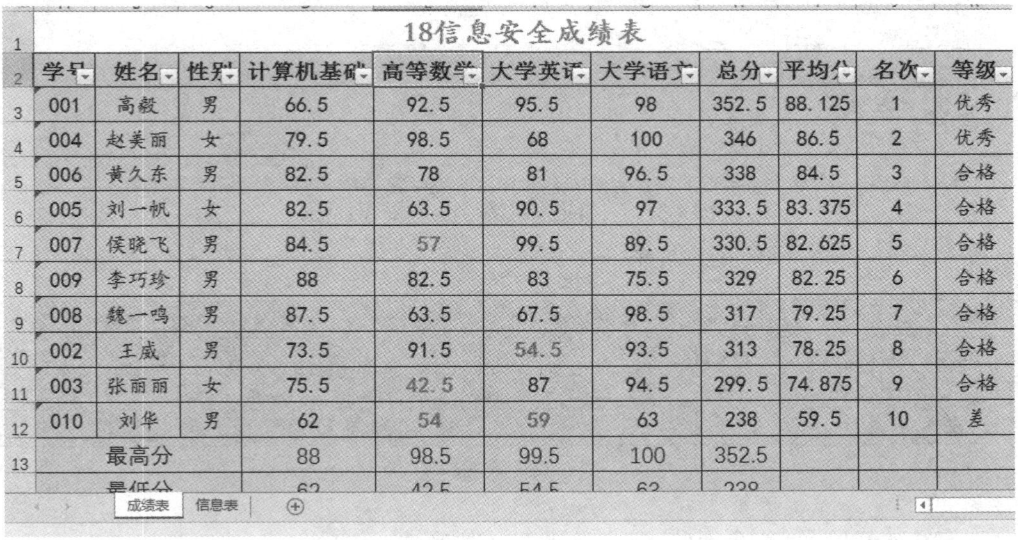

图 4-31　筛选列表

(3) 单击"高等数学"的下拉列表,选择"数字筛选"中的"大于或等于",如图 4-32 所示。

(4) 打开"自定义自动筛选方式"对话框,在"大于或等于"后面输入 90,单击"确定"按钮,如图 4-33 所示。

(5) 筛选结果如图 4-34 所示。

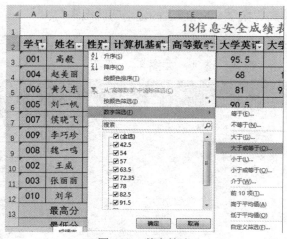

图 4-32 数字筛选

图 4-33 "自定义自动筛选方式"对话框

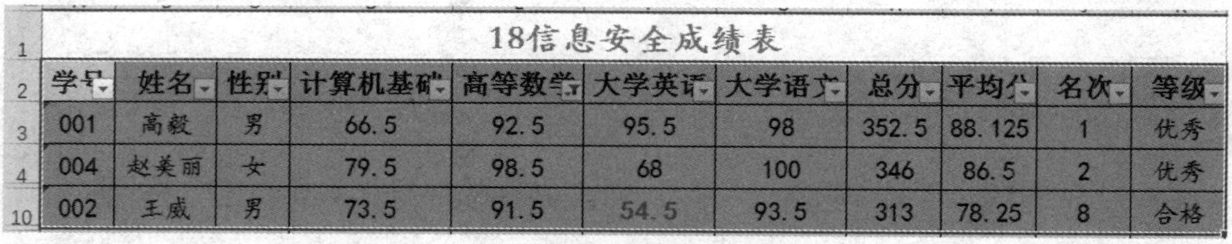

| 1 | 18信息安全成绩表 | | | | | | | | | | |
|---|---|---|---|---|---|---|---|---|---|---|---|
| 2 | 学号 | 姓名 | 性别 | 计算机基础 | 高等数学 | 大学英语 | 大学语文 | 总分 | 平均分 | 名次 | 等级 |
| 3 | 001 | 高毅 | 男 | 66.5 | 92.5 | 95.5 | 98 | 352.5 | 88.125 | 1 | 优秀 |
| 4 | 004 | 赵美丽 | 女 | 79.5 | 98.5 | 68 | 100 | 346 | 86.5 | 2 | 优秀 |
| 10 | 002 | 王威 | 男 | 73.5 | 91.5 | 54.5 | 93.5 | 313 | 78.25 | 8 | 合格 |

图 4-34 筛选结果

### 3. 使用"高级筛选"筛选出"高等数学"大于等于 90 的记录

新建一张工作表，命名为"高级筛选"，将"成绩表"A2：K12 单元格区域中的数据复制到"高级筛选"工作表中，粘贴时选择粘贴下拉表中的"值和源格式"，粘贴后调整行高和列宽。

(1) 在表的空白区域，先将高级筛选的条件区域设置好，然后选择"数据"选项卡中的"高级"，如图 4-35 所示。

图 4-35　条件区域设定及选择高级筛选

(2) 打开"高级筛选"对话框,如图 4-36 所示,在对话框里将列表区域和条件区域选定,并选择"在原有区域显示筛选结果"单选按钮,单击"确定"按钮。

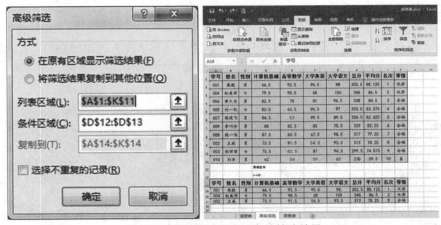

图 4-36　条件区域设定及高级筛选结果

## 4. 统计男生、女生各科平均分,了解男女生各科整体学习情况

(1) 新建一张工作表,命名为"分类汇总",将"成绩表"A2:G12 单元格区域中的数据复制到"分类汇总"工作表中,粘贴时选择粘贴下拉表中的"值和源格式",粘贴后调整行高和列宽。

(2) 进行分类汇总之前要先对分类的字段进行排序,因为按照性别进行统计,所以分类字段是"性别",在性别的数据区域内任意选定一个单元格,选择"数据"选项卡,单击排序区域的升序或降序均可,目的是让性别一致的记录集中到一起,排序结果如图 4-37 所示。

| 学号 | 姓名 | 性别 | 计算机基础 | 高等数学 | 大学英语 | 大学语文 |
|---|---|---|---|---|---|---|
| 004 | 赵美丽 | 女 | 79.5 | 98.5 | 68 | 100 |
| 005 | 刘一帆 | 女 | 82.5 | 63.5 | 90.5 | 97 |
| 003 | 张丽丽 | 女 | 75.5 | 42.5 | 87 | 94.5 |
| 001 | 高毅 | 男 | 66.5 | 92.5 | 95.5 | 98 |
| 006 | 黄久东 | 男 | 82.5 | 78 | 81 | 96.5 |
| 007 | 侯晓飞 | 男 | 84.5 | 57 | 99.5 | 89.5 |
| 009 | 李巧珍 | 男 | 88 | 82.5 | 83 | 75.5 |
| 008 | 魏一鸣 | 男 | 87.5 | 63.5 | 67.5 | 98.5 |
| 002 | 王威 | 男 | 73.5 | 91.5 | 54.5 | 93.5 |
| 010 | 刘华 | 男 | 62 | 54 | 59 | 63 |

图 4-37　对分类字段进行排序

(3) 排序完成后，选择"数据"选项卡的"分级显示"工具组中的"分类汇总"选项，如图 4-38 所示，打开"分类汇总"对话框。

图 4-38 选择"分类汇总"选项

(4) 在"分类汇总"对话框中，选择分类汇总的"分类字段"为"性别"，"汇总方式"为"平均值"，"选定汇总项"为"计算机基础""高等数学""大学英语""大学语文"等，如图 4-39 所示。

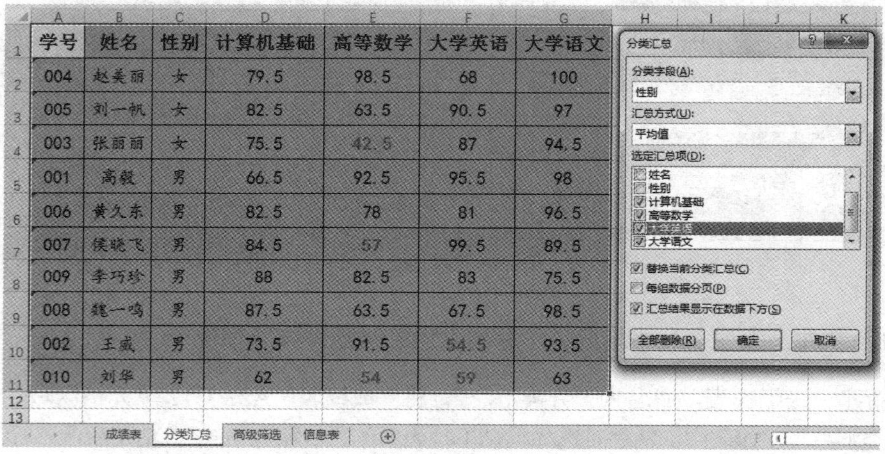

图 4-39 "分类汇总"对话框

(5) 单击"确定"按钮，分类汇总的结果如图 4-40 所示。

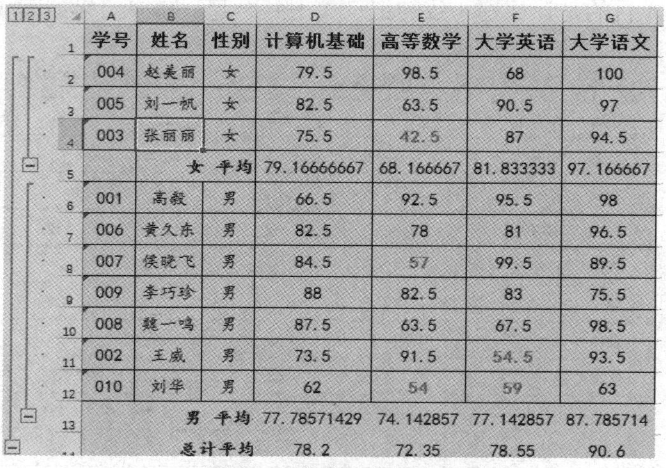

图 4-40 分类汇总的结果

### 5. 显示学号、各科成绩及平均分的图表

(1) 新建一张工作表，命名为"图表显示"，将"成绩表"中的学号、姓名、计算机基础、高等数学、大学英语、大学语文、平均分等列的数据复制到"图表显示"工作表中，粘贴时选择粘贴下拉表中的"值和源格式"，粘贴后调整行高和列宽，按"学号"进行升序排序。"图表显示"工作表的内容如图 4-41 所示。

| | A | B | C | D | E | F | G |
|---|---|---|---|---|---|---|---|
| 1 | 学号 | 姓名 | 计算机基础 | 高等数学 | 大学英语 | 大学语文 | 平均分 |
| 2 | 001 | 高毅 | 66.5 | 92.5 | 95.5 | 98 | 88.125 |
| 3 | 002 | 王威 | 73.5 | 91.5 | 54.5 | 93.5 | 78.25 |
| 4 | 003 | 张丽丽 | 75.5 | 42.5 | 87 | 94.5 | 74.875 |
| 5 | 004 | 赵美丽 | 79.5 | 98.5 | 68 | 100 | 86.5 |
| 6 | 005 | 刘一帆 | 82.5 | 63.5 | 90.5 | 97 | 83.375 |
| 7 | 006 | 黄久东 | 82.5 | 78 | 81 | 96.5 | 84.5 |
| 8 | 007 | 侯晓飞 | 84.5 | 57 | 99.5 | 89.5 | 82.625 |
| 9 | 008 | 魏一鸣 | 87.5 | 63.5 | 67.5 | 98.5 | 79.25 |
| 10 | 009 | 李巧珍 | 88 | 82.5 | 83 | 75.5 | 82.25 |
| 11 | 010 | 刘华 | 62 | 54 | 59 | 63 | 59.5 |

图 4-41 "图表显示"工作表

(2) 选中数据区域 A1:G11，在"插入"选项卡"图表"组中选择"二维柱形图"中的第一个图形，如图 4-42 所示。操作完成后的效果如图 4-43 所示。

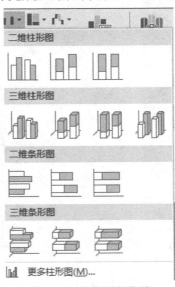

图 4-42 选择图表类型

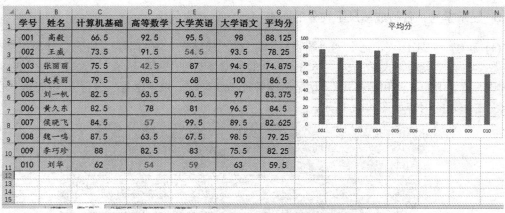

图 4-43　图表显示的结果

拓展操作：设置图表区填充色为渐变填充，预设颜色自选；垂直坐标轴标题为竖排标题，标题名为"分值"；水平坐标轴标题为"学号"，显示数据标签。

### 6. 显示男生的"大学语文"平均成绩

Excel 数据透视表的作用是能够将筛选、排序和分类汇总等操作依次完成，并生成汇总表格，是 Excel 强大数据处理能力的具体体现。本案例即可通过数据透视表快速完成。选择"插入"选项卡中的"数据透视表"，在弹出的任务窗格中按如图 4-44 所示进行设置，显示结果如图 4-45 所示。

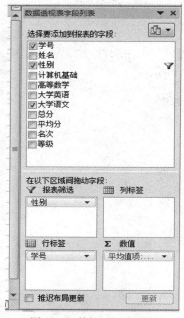

图 4-44　数据透视表设置

| | A | B |
|---|---|---|
| 1 | 性别 | 男 |
| 2 | | |
| 3 | 行标签 | 平均值项:大学语文 |
| 4 | 001 | 98 |
| 5 | 002 | 93.5 |
| 6 | 006 | 96.5 |
| 7 | 007 | 89.5 |
| 8 | 008 | 98.5 |
| 9 | 009 | 75.5 |
| 10 | 010 | 63 |
| 11 | 总计 | 87.78571429 |

图 4-45　数据透视表显示结果

## 4.6 本章小结

本章通过将知识点融入真实的案例情境中，以几个代表性的案例为基础，按照知识点展开的同时，逐步完善工作表来掌握Excel 中的各项应用技巧。

## 4.7 思考和练习

1. 单选题

(1) 关于 Excel 公式，正确的说法是_____。
　　A. 公式的开头是"="
　　B. 公式中不能引用单元格
　　C. 公式中不能引用单元格区域
　　D. 公式不能复制

(2) 单元格 A1 为数值 5，在 B1 输入公式：=IF(A1>0, "True", "False")，结果 B1 为_____。
　　A. 1
　　B. 5
　　C. True
　　D. False

(3) 某个 Excel 工作表 C 列所有单元格的数据是利用 B 列相应单元格数据通过公式计算得到的，此时如果将该工作表 B 列删除，那么删除 B 列操作对 C 列_____。
　　A. 不产生影响
　　B. 产生影响，但 C 列中的数据正确无误
　　C. 产生影响，C 列中数据部分能用
　　D. 产生影响，C 列中的数据失去意义，显示#REF!

(4) Excel 工作簿中既有一般工作表又有图表，当执行"文件"选项卡的"另存为"命令保存工作簿文件时，则_____。
　　A. 只保存工作表文件
　　B. 二者作为一个文件保存
　　C. 分别保存
　　D. 保存图表文件

(5) 以下错误的 Excel 公式形式是_____。
　　A. =SUM(B2:E2)*F$2
　　B. =SUM(B2:2E)*F2
　　C. =SUM(B2:$E2)*F2
　　D. =SUM(B2:E2)*$F$2

(6) 以下对 Excel 高级筛选功能的说法中，正确的是_____。
   A. 高级筛选就是自定义筛选
   B. 利用"数据"选项卡中的"排序和筛选"组内的"筛选"命令可进行高级筛选
   C. 高级筛选通常需要在工作表中设置条件区域
   D. 高级筛选之前必须对数据进行排序

(7) 在 Excel 工作表中，单元格 D5 中有公式"=$B$2+C4"，删除第 A 列后 C5 单元格中的公式为_____。
   A. =$A$2+B4
   B. $B$2+B4
   C. =$A$2+C4
   D. =$B$2+C4

(8) 假设单元格 B1 为文本"100"，单元格 B2 为数值"3"，则 COUNT(B1:B2)等于_____。
   A. 3
   B. 100
   C. 1
   D. 103

(9) 需要_____而变化的情况下，必须引用绝对地址。
   A. 把一个含有范围的公式或函数复制到一个新的位置时，为使公式或函数中的范围不随新位置变化
   B. 在公式或函数中填入一个单元格地址时，为使该公式或函数的值不随被引用单元格的值变化
   C. 把一个含有单元格地址的公式复制到一个新的位置时，为使公式中单元格地址随新位置自动相对变化
   D. 把一个含有范围的公式或函数复制到一个新的位置时，为使公式或函数中的范围随新位置自动相对变化

(10) 在 Excel 操作中，如果单元格中出现"#DIV/0!"的信息，这表示_____。
   A. 公式中出现被零除的现象
   B. 结果太长，单元格容纳不下
   C. 没有可用数值
   D. 单元格引用无效

(11) 在 Excel 中，如果要在同一行或同一列的连续单元格中使用相同的计算公式，可以先在第一单元格中输入公式，然后用鼠标拖动单元格的_____来实现公式复制。
   A. 行标
   B. 框
   C. 列标
   D. 填充柄

(12) 在 Excel 中，如果单元格 A5 的值是单元格 A1、A2、A3、A4 的平均值，则不正确的输入公式为_____。
   A. =AVERAGE(A1,A2,A3,A4)

B. =AVERAGE(A1+A2+A3+A4)

C. =(A1+A2+A3+A4)/4

D. =AVERAGE(A1:A4)

(13) 假设在 A3 单元格存有公式：=SUM(B$2:C$4)，将其复制到 B8 后，公式变为_____。

A. =SUM(B$2:C$4)

B. =SUM(C$7:D$9)

C. =SUM(D$2:E$4)

D. =SUM(C$2:D$4)

(14) 在单元格 B5 中输入函数 SUM 计算区域 A1:A2 的数据之和，不正确的方法是_____。

A. 直接在单元格 A1 中输入=SUM(A1,A2)，然后单击"输入"按钮

B. 直接在单元格 B5 中输入=SUM(A1:A2)，然后单击"输入"按钮

C. 单击"公式"选项卡"函数库"组中的"自动求和"下的"求和"命令，然后在函数参数中输入 A1:A2，再按回车键

D. 选定单元格 B5，然后单击"开始"选项卡"编辑"组中的"自动求和"下的"求和"命令，然后选择区域 A1:A2，再单击"输入"按钮

(15) 在 Excel 中，想要添加一个数据系列到已有图表中，不可实现的操作方法是_____。

A. 在嵌入图表的工作表中选定想要添加的数据，然后将其直接拖放到嵌入的图表中

B. 选中图表，单击"图表工具 | 设计"选项卡"数据"组中的"选择数据"命令，在对话框的"图表数据区域"中添加数据系列的地址，单击"确定"按钮

C. 在嵌入图表的工作表中选定想要添加的数据，单击"插入"选项卡"图表"组中的相应类型的图表，将数据添加到已有的图表中

D. 选中图表，右击并执行快捷菜单中的"选择数据"命令，在对话框的"图表数据区域"中添加数据系列的地址，单击"确定"按钮

(16) 在一个工作表中筛选出某项的正确操作方法是_____。

A. 单击数据表中的任一单元格，单击"数据"选项卡"排序和筛选"组中的"筛选"命令，单击想查找列的向下箭头，从下拉菜单中选择筛选项

B. 按快捷键 Ctrl+F，在"查找和替换"对话框中的"查找内容"框输入要查找的项，单击"查找下一个"按钮

C. 单击数据表外的任一单元格，单击"数据"选项卡"排序和筛选"组中的"筛选"命令，单击想查找列的向下箭头，从下拉菜单中选择筛选项

D. 按快捷键 Ctrl+F，在"查找和替换"对话框中的"查找内容"框输入要查找的项，单击"关闭"按钮

(17) 在完成图表后，想要在图表底部的表格中显示工作表中的图表数据，应该采取的正确操作是_____。

A. 选中图表，单击"图表工具 | 设计"选项卡"数据"组中的"切换行/列"命令

B. 选中图表，选中图表，单击"图表工具 | 布局"选项卡"分析"组中的"趋势线"命令

C. 选中图表，单击"图表工具 | 布局"选项卡"标签"组中的"模拟运算表"下的"显示模拟运算表"

D. 选中图表，单击"图表工具|布局"选项卡"坐标轴"组中的"网格线"命令

(18) 下列属于绝对地址的表达式是_____。

A. $G$5

B. $A2

C. C$

D. E8

(19) 要在图表中显示图表标题，在选中图表的"图表区"时，可以_____。

A. 在图表区按鼠标右键，在快捷菜单中执行"设置图表标题"命令，显示图表标题

B. 单击"图表工具|布局"选项卡"标签"组中的"图表标题"；在列表中选择"图表标题"的显示位置

C. 用鼠标定位，直接输入

D. 单击"图表工具|格式"选项卡下的"文本填充"命令

(20) 在 Excel 中，若在 A1 单元格中输入"四川"，在 B1 单元格中输入"成都"，在 C1 单元格中输入=A1+B1，则 C1 单元格中显示_____。

A. 四川成都

B. 四川+成都

C. '四川'成都

D. #VALUE!

## 2. 填空题

(1) 在 Excel 中，函数 RANK(A2, $A$2:$A$18, 0)的功能是_____。

(2) 如果单元格 B2 中有文本"abc"，单元格 F3 中有文本"大"，在单元格 B11 中输入公式=COUNT(5, 1, B2, F3)，则单元格 B11 的值为_____。

(3) 如果在单元格 H5 中输入公式=MIN(15, 9, 2017/7/1, -15)，则单元格 H5 的值为_____。

(4) 在 Excel 2016 中，数据透视表的数值区域默认的字段汇总方式是_____。

(5) 在 Excel 2016 中使用$A$1 引用工作表 A 列第 1 行的单元格，这称为对单元格地址_____。

## 3. 简答题

(1) 简述 Excel 2016 中单元格、工作表、工作簿之间的关系。

(2) 简述在 Excel 2016 中如何进行分类汇总。

(3) Excel 2016 对单元格的引用有哪几种方式？简述它们之间的区别。

## 4. 操作题

利用素材库制作"公考成绩"工作表，如图 4-46 所示。

| | A | B | C | D | E |
|---|---|---|---|---|---|
| 1 | | 2018公务员考试成绩 | | | |
| 2 | 报名序列号 | 行测 | 申论 | 专业基础 | 合成分数 |
| 3 | 701671442 | 70.8 | 58 | 73 | |
| 4 | 701683837 | 69.5 | 59.5 | 59 | |
| 5 | 701674631 | 68.5 | 56.9 | 58 | |
| 6 | 701674517 | 65.4 | 52 | 63 | |
| 7 | 701677811 | 64.8 | 60 | 59 | |
| 8 | 701665699 | 64.3 | 54 | 57 | |
| 9 | 701684383 | 63.7 | 58 | 58 | |
| 10 | 701670293 | 62.6 | 46 | 66 | |
| 11 | 701665323 | 62 | 63.5 | 64 | |
| 12 | 701668008 | 60.4 | 56 | 53 | |
| 13 | 701675125 | 59.7 | 54 | 61 | |
| 14 | 701672106 | 58.8 | 61 | 53 | |
| 15 | 701674350 | 58.6 | 55.5 | 47 | |
| 16 | 701676588 | 58.4 | 43.5 | 52 | |
| 17 | 701678683 | 58.1 | 54 | 61 | |
| 18 | 701676800 | 57.8 | 49 | 46 | |
| 19 | 701684482 | 57.7 | 50.5 | 63 | |
| 20 | 701678778 | 57.7 | 40.5 | 45 | |

图 4-46 "公考成绩"工作表

(1) 设置标题"2018 公务员考试成绩"为黑体、加粗、24 磅；设置列标题为宋体、加粗、16 磅；其余数据为宋体、16 磅。

(2) 为 A2:E100 设置单实线框线，列标题所在行下框线设置为双实线。

(3) 利用公式计算"合成分数"，合成分数=行测*0.4+申论*0.3+专业基础*0.3。

(4) 设置行测、申论、专业基础中所有大于或等于 65 的数据呈蓝色显示。

(5) 筛选出"合成分数"大于等于 60 的记录到新工作表中，将新工作表重命名为"合格人员"。

(6) 垂直分割窗口，上方窗口只显示标题。

(7) 冻结首列。

(8) 保护工作表，不允许修改单元格区域 A3:E100 的数据；隐藏单元格区域 E3：E100 的计算公式。

(9) 保护工作簿，禁止用户调整窗口和修改结构。

(10) 取消保护工作簿及保护工作表。

(11) 为单元格 C10 添加批注"偏低"。

(12) 按"报名序列号"升序排序。

(13) 对"合成分数"使用蓝色数据条。

(14) 设置第二行为打印标题行，预览设置效果。

# 第 5 章
# 演示文稿制作软件PowerPoint 2016

本章主要介绍 PowerPoint 2016 的基本知识，在介绍基本概念的基础上结合实例讲解 PowerPoint 演示文稿的创建与使用，幻灯片动画制作以及播放设置。

**本章的学习目标：**
- 了解 PowerPoint 2016 的主要特点、功能和操作方法
- 能够利用 PowerPoint 2016 制作演示文稿，能够编辑和放映幻灯片
- 能够利用 PowerPoint 2016 设计各类简报

## 5.1　PowerPoint 2016 的基本操作

### 5.1.1　PowerPoint 2016 的操作界面

PowerPoint 2016 的工作界面如图 5-1 所示。

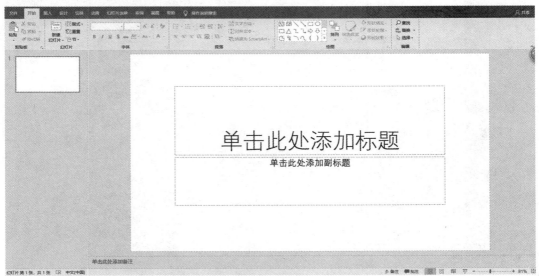

图 5-1　PowerPoint 2016 的工作界面

菜单项：在这个界面中，菜单项分别是"文件""开始""插入""设计""切换""动画""幻灯片放映""审阅"和"视图"等。和 Word 2016 一样，单击除"开始"外的其他每一个菜单项，都会在它的下面显示这个菜单相应的工具组。菜单项目的上一行是 PowerPoint 2016 的"控制菜单"按钮，包括"保存"按钮、"撤销"按钮、"恢复"按钮，如图 5-2 所示。

图 5-2 "开始"菜单的工具组和"控制菜单"

单击"文件"菜单项目，下面的子菜单如图 5-3 所示。其中包括"信息""新建""打开""保存""另存为""历史记录""打印""共享""导出""关闭""账户""反馈""选项"等项目，其中"信息"项目中包括文件属性信息。

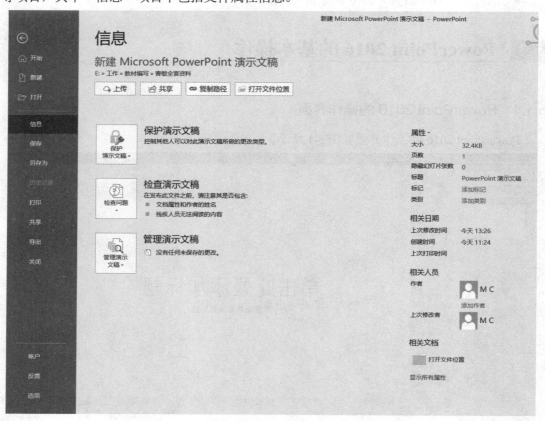

图 5-3 "文件"菜单项目

## 5.1.2 演示文稿的创建、保存以及母版的使用

启动 PowerPoint 程序，单击"文件"菜单下的"新建"按钮，单击"空白演示文稿"，如图 5-4 所示，即可新建演示文稿。

图 5-4 创建演示文稿

为新幻灯片选择设计主题和配色方案，并选择背景，如图 5-5 所示。

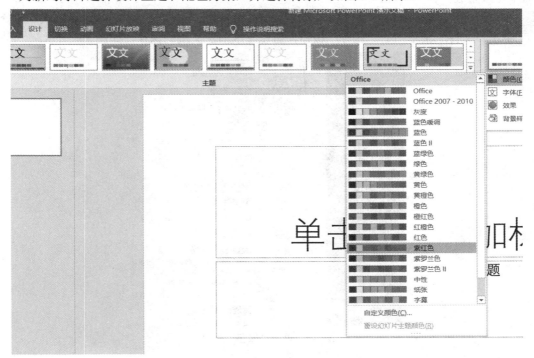

图 5-5 为新幻灯片选择主题和背景

在"设计"选项卡的"主题"组中，为幻灯片选择一种主题样式。

在"设计"选项卡的"主题"组中，分别单击"颜色"按钮、"字体"按钮、"效果"按钮、"背景样式"按钮进行各项设置。

在"设计"选项卡的"自定义"组中，选择"设置背景格式"命令，打开"设置背景格式"任务窗格，如图5-6所示，在其中进行设置。

图 5-6　设置背景格式

在"视图"选项卡中，选择"母版视图"组中的"幻灯片母版"。

在"幻灯片母版"选项卡的"编辑主题"组中，分别单击"颜色"按钮、"字体"按钮、"效果"按钮进行各项设置。

在"幻灯片母版"选项卡的"背景"组中，选择"背景样式"→"设置背景格式"命令。

单击"文件"菜单中的"保存"按钮，可以完成演示文稿的保存，如图5-7所示。

图 5-7　单击"保存"按钮

## 5.2 制作演示文稿

### 5.2.1 演示文稿的基本操作

使用 PowerPoint 2016 创建一个专业的演示文稿。

**1. 素材准备**

在 E:盘上新建一个名为"新生介绍"的文件夹,然后进行下列操作。

(1) 从网上搜索一些与专业相关的图片和背景图,一首适合做背景音乐的歌曲,然后保存到"新生介绍"文件夹中。

(2) 打开"新生介绍会"演示文稿,将该演示文稿另存到 E 盘的"新生介绍"文件夹中。

**2. 输入内容及编辑**

(1) 打开"新生介绍"文件夹中的"新生介绍会"演示文稿。

(2) 在"设计"选项卡的"主题"组中,单击"平面",效果如图 5-8 所示。

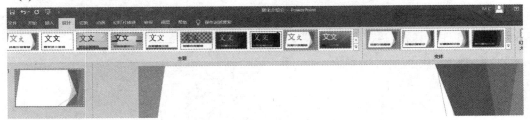

图 5-8 选择"平面"主题背景

(3) 在幻灯片的"单击此处添加标题"文本框中输入"××学校",副标题为"专业介绍",如图 5-9 所示。

图 5-9 输入文本

(4) 在"插入"选项卡的"幻灯片"组中单击"新建幻灯片"按钮,选择"标题和内容",如图 5-10 所示。

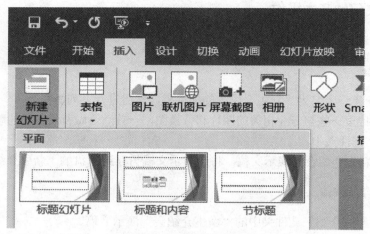

图 5-10　新建幻灯片

(5) 在第二张幻灯片的标题栏输入"目录",在文本框中输入"1、院(系)专业结构图,2、专业介绍,3、主干课程,4、培养目标",如图 5-11 所示。

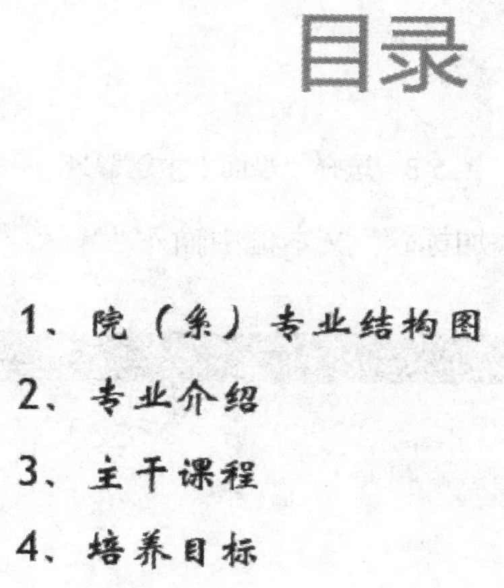

# 目录

1、院(系)专业结构图
2、专业介绍
3、主干课程
4、培养目标

图 5-11　输入文本

(6) 新建第 3 张幻灯片,版式为"标题和内容"。在标题栏文本框中输入"院(系)专业结构图"。单击"插入"选项卡中的 SmartArt 按钮,弹出"选择 SmartArt 图形"对话框,在"层次结构"列表中选择"层次结构",单击"确定"按钮,如图 5-12 所示,生成一张空白的层次结构图。

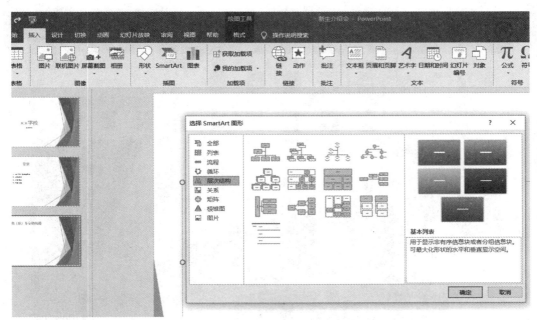

图 5-12 文本转换为 SmartArt 图形

(7) 通过"设计"选项卡中的"更改颜色",可以修改幻灯片中图形的颜色,如图 5-13 所示。

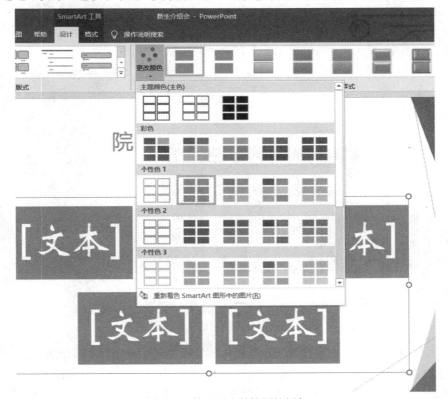

图 5-13 修改层次结构图的颜色

(8) 通过更改"设计"选项卡中的"SmartArt 样式"可以更改图形的样式。如图 5-14 所示。

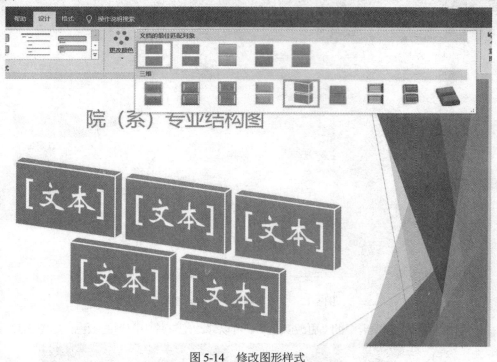

图 5-14 修改图形样式

院(系)专业结构图修改后的效果如图 5-15 所示。

图 5-15 专业层次结构图

(9) 插入第 4 张幻灯片，设置为"标题和内容"版式，标题为"系部介绍"。在"插入"选项卡中选择"形状"，在幻灯片中插入形状并输入文本内容："网络安全保卫系以工学为主""网络安全与执法、信息安全，计算机应用技术""现有学生 1498 人"，然后插入图片，如图 5-16 所示。

图 5-16　输入文本和插入图片

(10) 插入"标题和内容"版式的幻灯片，标题为"主干课程"，如图 5-17 所示，输入文本"网络犯罪侦查""网络情报搜集与分析""电子数据取证与鉴定""网络攻防技术""网站构建与分析"。

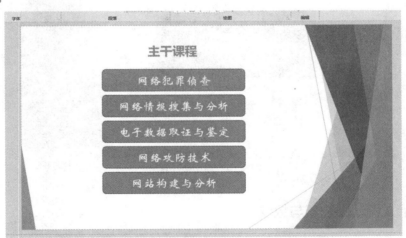

图 5-17　输入文本

(11) 插入第 6 张幻灯片，设置为"内容和标题"版式，标题为"培养目标"。在"添加文本"处输入文本内容"培养对党忠诚、纪律严明、素质过硬，具有较强的职业荣誉感、社会责任感、法治意识、创新精神和公安实战能力，能够适应公安工作和公安队伍建设的专业化、职业化、实战化要求，能够在公安机关从事网络安全执法工作及相关部门从事网络安全工作的高素质应用型专门人才。"然后插入 jpeg 格式的图片，如图 5-18 所示。

图 5-18　输入文本和插入图片

(12) 插入第 7 张幻灯片，设置为"空白"版式，插入一个文本框，输入"谢谢观看！"，设置字号为 60，字体为"华文新魏"，并在"开始"选项卡的快速样式中选择文本框样式，效果如图 5-19 所示。

图 5-19　使用快速样式

## 5.2.2　演示文稿动画设置与放映

演示文稿做好后，还需要进一步对演示文稿设置超链接、动画效果与幻灯片放映等。打开"新生介绍会"演示文稿。

### 1. 设置超链接

(1) 在"视图"选项卡中，单击"母版视图"，在"母版视图"组中单击"幻灯片母版"，打开"幻灯片母版"选项卡，如图 5-20 所示。

图 5-20 "幻灯片母版"选项卡

(2) 在幻灯片右下角插入一个文本框,输入内容"转到目录",如图 5-21 所示。在该文本框上右击,选择"超链接"命令,在弹出的对话框的"本文档中的位置"中选择"2.目录",单击"确定"按钮,如图 5-22 所示。

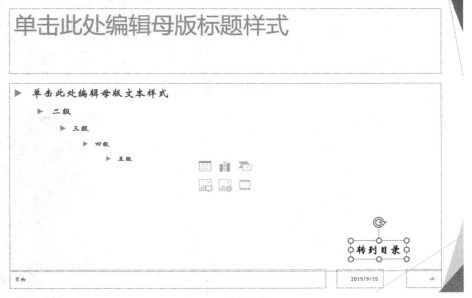

图 5-21 输入文本

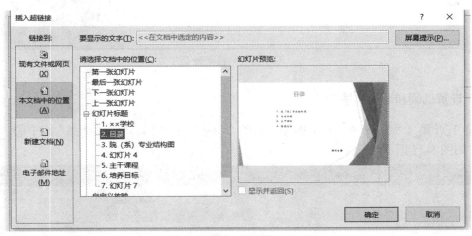

图 5-22 "插入超链接"对话框

(3) 在"幻灯片母版"选项卡中单击"关闭母版视图"按钮。

(4) 打开第 2 张幻灯片，为目录的每一项设置超链接到相应的幻灯片。如：选择"1、院(系)专业结构图"，链接到第 3 张幻灯片，如图 5-23 所示，超链接效果如图 5-24 所示。

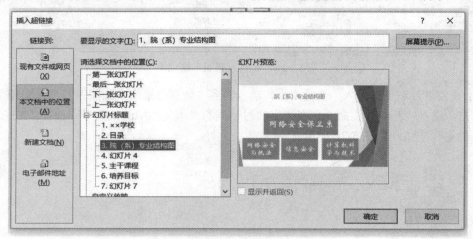

图 5-23　设置超链接

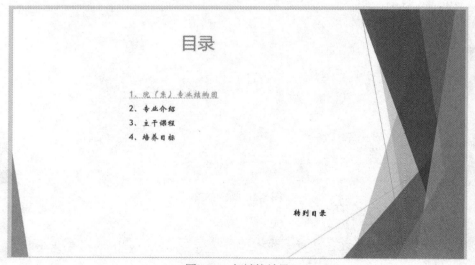

图 5-24　超链接效果

**2. 设置动画和切换效果**

(1) 打开第 4 张幻灯片，选中图片，选择"动画"选项卡，单击"动画"组中的"擦除"按钮，如图 5-25 所示。

图 5-25　单击"擦除"按钮

(2) 再次选中上一步骤的图片，单击"高级动画"组中的"添加动画"按钮，选择"强调"类中的"放大/缩小"，如图 5-26 所示。

图 5-26　动画设置

(3) 选择"切换"选项卡，在"切换到此幻灯片"组中单击"形状"，在"效果选项"中选择"放大"，如图 5-27 所示。

图 5-27　幻灯片切换设置

### 3. 幻灯片放映

(1) 选择"幻灯片放映"选项卡，在"开始放映幻灯片"组中依次单击"从头开始""从当前幻灯片开始"，如图 5-28 所示，观看放映效果。

图 5-28　"幻灯片放映"选项卡

(2) 选择"幻灯片放映"选项卡，在"开始放映幻灯片"组中单击"自定义幻灯片放映"→"自定义放映"，在弹出的对话框中选择"新建"，在弹出的对话框中设置顺序为第 1 张→第 4 张→第 5 张→第 6 张→第 7 张，可以在"幻灯片放映名称"中重新命名，如图 5-29 所示。

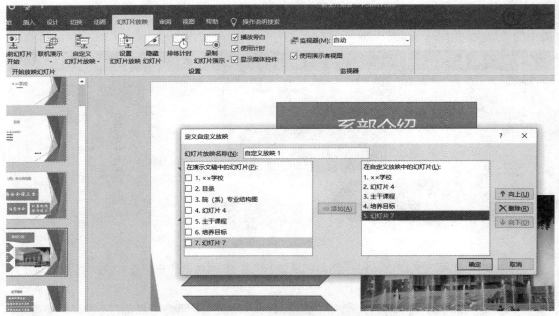

图 5-29 自定义幻灯片放映设置

(3) 选择"幻灯片放映"选项卡,根据需要在"设置"组中单击"设置幻灯片放映",打开"设置放映方式"对话框,从对话框中选择放映类型、放映选项等,如图 5-30 所示。

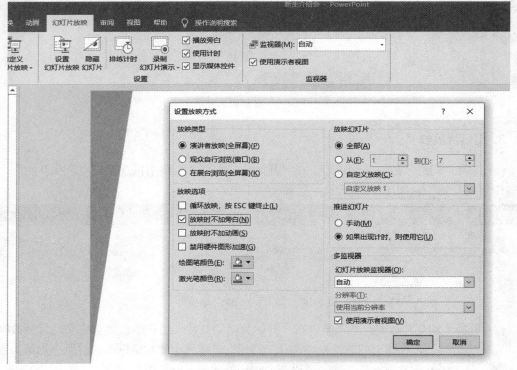

图 5-30 "设置放映方式"对话框

### 4. 插入和播放多媒体

(1) 选择"插入"选项卡，选择"音频"→"PC 上的音频"，如图 5-31 所示，从本地磁盘中选择要插入的音频文件并插入幻灯片中。

图 5-31　插入音频

(2) 在"播放"选项卡中选择相应的音频项目按钮，如图5-32所示，在"动画"选项卡的"动画窗格"组中选择"效果选项"，打开"播放音频"对话框，在"效果"选项卡中，在"开始播放"里设置"开始时间"；在"停止播放"里设置"在第7张幻灯片之后"，如图5-33所示。

图 5-32　设置音频

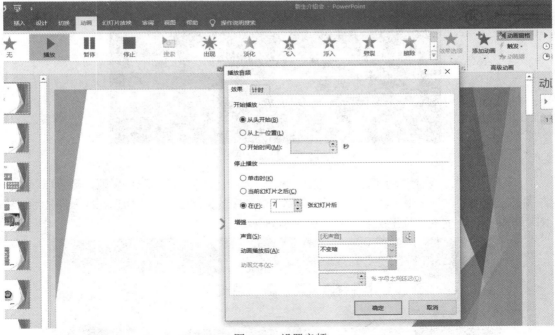

图 5-33　设置音频

(3) 观察音频的播放效果。存盘并退出 PowerPoint 程序。

## 5.3 综合应用一：制作一个暗效果封面

### 5.3.1 案例的提出与分析

我们在工作中经常需要在各种场景中汇报工作，而汇报工作时演示文稿的艺术水平也能使领导或客户对自己的文稿内容加深印象，演示文稿的封面往往给人留下第一印象。现在我们就来制作一个暗效果封面的演示文稿。

### 5.3.2 案例主要知识点

(1) 图像的使用。
(2) 亮度/对比度的调整。
(3) 文字映像。
(4) 形状/直线的使用。

### 5.3.3 案例实现步骤

本案例是利用 PowerPoint 2016 制作一个封面页实例，其中涉及的知识点有图片变暗处理、边框设置、文字居中等。效果如图 5-34 所示。

图 5-34　封面效果图

(1) 插入图片，进行大小调整，注意在 PowerPoint 中插入的图片应该保证比例合理，不要在调整过程中使图片变形。由于图片会覆盖到幻灯片中的文字占位符，所以在插入图片后应将图片下移一层，使图片位于文字下方，如图 5-35 所示。

图 5-35　图片下移一层效果

由于所插入的图片亮度高，我们可以调整图片的亮度，调整方法是在"格式"选项卡中选择"校正"，选择"亮度/对比度"中的效果，如图 5-36 所示。

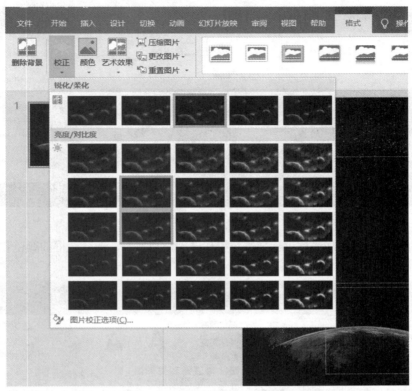

图 5-36　调整"亮度/对比度"

(2) 对文字进行大小、颜色、字体的改变，在"格式"选项卡中的"文本效果"选项中对文字添加映像效果，如图 5-37 所示。

图 5-37　给文字添加映像效果

也可以将标题文字放在整个页面正中，这里面的关键点在于先选择"对齐幻灯片"，然后设置垂直居中。这样就可以保证标题框在正中了，如图 5-38 所示。

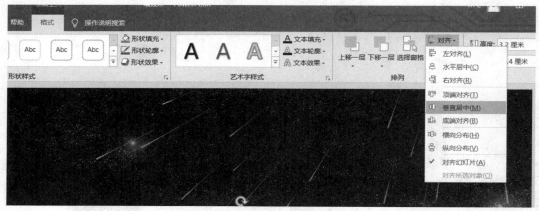

图 5-38　文本居中

(3) 在标题框外侧添加线框进行装饰，操作的关键点在于，改变边框的颜色和线条形式，如图 5-39 所示。

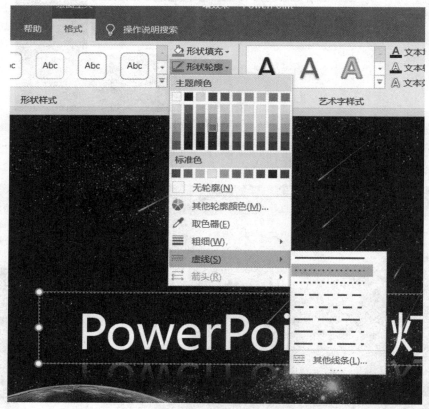

图 5-39　设置边框属性

## 5.4 综合应用二：使用 PowerPoint 抠图

### 5.4.1 案例的提出与分析

我们日常生活中经常会遇到抠图，抠图是 Photoshop 比较擅长的一项操作，但每个人都去学习像 Photoshop 那么专业性强的软件也不现实，我们完全可以通过 PowerPoint 实现简单的抠图操作，满足基本需求。

### 5.4.2 案例主要知识点

(1) 删除背景操作。
(2) 格式/标记要保留的区域。
(3) 格式/标记要删除的区域。

### 5.4.3 案例实现步骤

本案例通过实例来讲解如何使用 PowerPoint 轻松抠图，效果如图 5-40 所示。

图 5-40 抠图效果

(1) 首先新建一个 PowerPoint 演示文稿并添加第一张幻灯片页。删除默认的占位符，并选择右键快捷菜单中的"设置背景格式"命令更改幻灯片的背景色，如图 5-41 所示。

(2) 单击"设置背景格式"后，在窗口右侧显示"设置背景格式"任务窗格，在该任务窗格中选择纯色，并更改颜色为灰色。此时便将当前幻灯片的背景色更改为灰色，如图 5-42 所示。

(3) 选择"插入"选项卡，在"插图"组中单击"图片"命令，弹出"插入图片"对话框，选择我们要进行抠图的图片，单击"插入"按钮。选中导入的图片，切换到"格式"选项卡，选择"删除背景"命令，如图 5-43 所示；进入到删除背景命令操作界面中，并且此时会自动产生一个抠图效果，如图 5-44 所示。

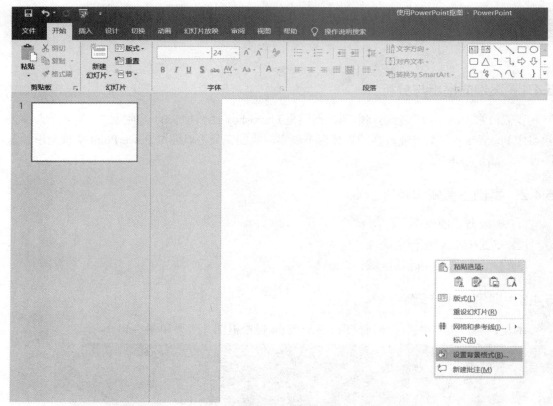

图 5-41 选择"设置背景格式"命令

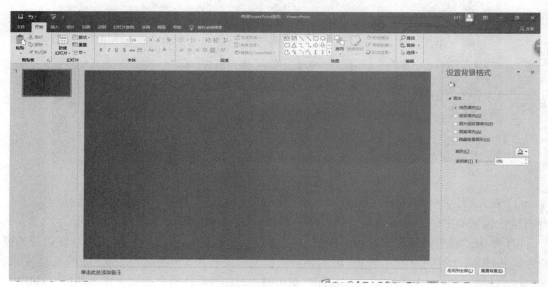

图 5-42 更改背景颜色为灰色

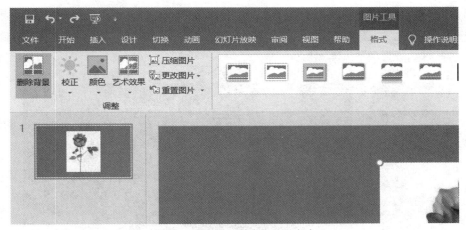

图 5-43　选择"删除背景"命令

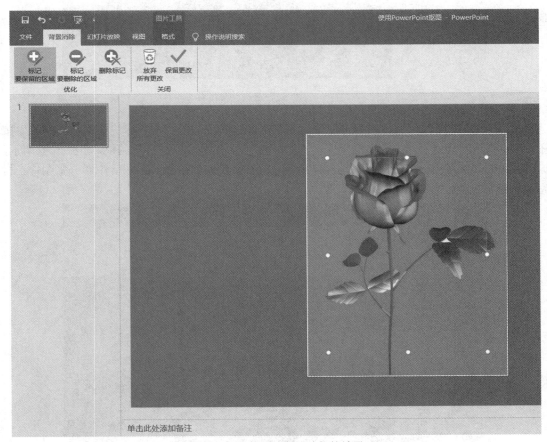

图 5-44　选择删除背景功能的效果

(4) 图中变色的部分将是被抠图的部分，很明显，PowerPoint 自动抠图去掉了很多我们要保留的地方，所以选择"标记要保留的区域"，然后在要保留的地方单击鼠标或拖拉鼠标选择我们要保留的地方，如图 5-45 所示。

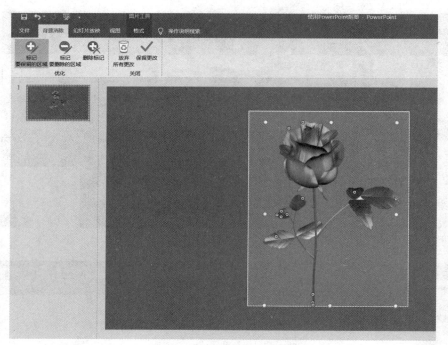

图 5-45　标记要保留的区域

(5) 有些地方在保留的过程中可能保留多了，这时候我们要单击"标记要删除的区域"按钮，在要删除的背景上单击或拖拉鼠标，多次调整，直到达到我们想要的结果，如图 5-46 所示，这时候单击"保留更改"按钮，如图 5-47 所示。这样，我们就在 PowerPoint 中对一张图片素材完成了抠图操作，效果如图 5-48 所示。

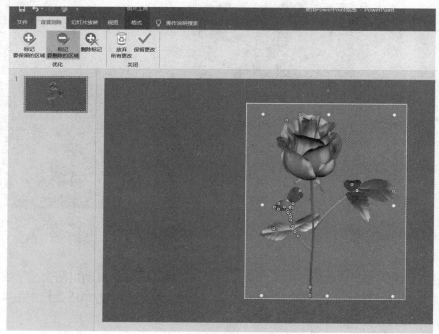

图 5-46　标记要删除的区域

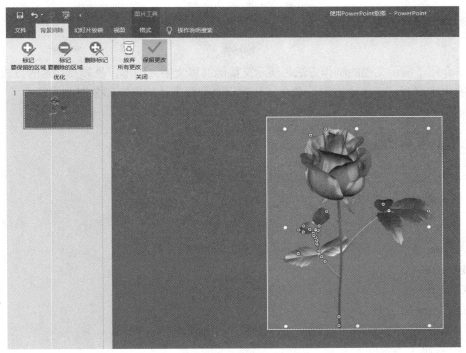

图 5-47 单击"保留更改"按钮

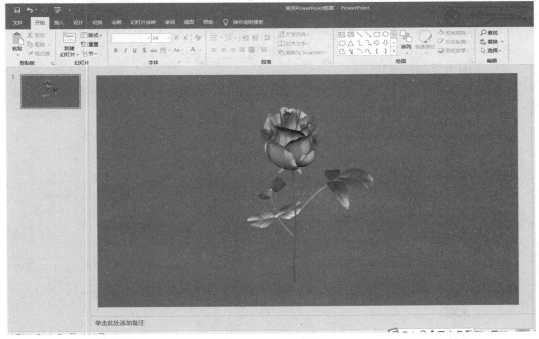

图 5-48 完成效果

## 5.5 本章小结

本章介绍了演示文稿的制作方法。演示文稿能够以文字、图形、色彩及动画的方式,将需要表达的内容直观、形象地展示给观众,让观众对你要表达的内容印象深刻。

## 5.6 思考和练习

1. 选择题

(1) 演示文稿保存以后,默认的文件扩展名是_____。
   A. .ppt
   B. .exe
   C. .bat
   D. .bmp

(2) 幻灯片中占位符的作用是_____。
   A. 表示文本长度
   B. 限制插入对象的数量
   C. 表示图像的大小
   D. 为文本、图形预留位置

(3) PowerPoint 2016 的"超链接"命令可实现_____。
   A. 幻灯片之间的跳转
   B. 幻灯片的移动
   C. 终端幻灯片的放映
   D. 在演示文稿中插入幻灯片

(4) 关于幻灯片切换,下列说法正确的是_____。
   A. 可设置进入效果
   B. 可设置切换效果
   C. 可用鼠标单击切换
   D. 以上全对

(5) 在 PowerPoint 中,_____元素可以添加动画效果。
   A. 文字
   B. 图片
   C. 文本框
   D. 以上都可以

2. 填空题

(1) 新建演示文稿时,默认的幻灯片版式是_____幻灯片版式。

(2) 单击_____按钮可以从当前幻灯片开始放映。

(3) 可以使用_____选项卡中的"图表"插入各种图表。

(4) 给演示文稿中所有的幻灯片添加同样的文本可以在_____视图完成。

(5) 演示文稿的"拼写检查"功能在_____选项卡中。

### 3、操作题

(1) 在以你名字命名的文件夹中，新建一个演示文稿，名字为"快乐的学习生活"。

第一张幻灯片为"标题幻灯片"，此幻灯片中输入正标题为"快乐的学习生活"，副标题为"你的姓名"。

插入一张"标题和文本"幻灯片，标题为"目录"，内容为"努力学习、积极进取、锻炼身体、丰富业余生活、考试成绩"。

插入一张"文本与剪贴画"幻灯片，标题为"努力学习"，自己输入相关的文本内容，剪贴画自行插入与之相关的内容。

插入一张"文本与图表"幻灯片，标题为"积极进取"，自己输入相关的文本内容，图表自行制作，要求合理。

插入一张"只有标题"幻灯片，标题为"丰富业余生活"，插入相应的三幅图片来展示此幻灯片内容。

插入一张"表格"幻灯片，标题为"考试成绩"，表格内容自行设计。

此演示文稿自行应用一种设计模板。

(2) 第二张幻灯片文本内容动作设计为"出现"。

第三张幻灯片的剪贴画动作设计为"从右侧缓慢移入"。

第四张幻灯片的图表动作设计为"中部向上下展开"。

第五张幻灯片的三幅图片动作设计为"垂直百叶窗"，动作先后设计合理。

第六张幻灯片的表格自行设计一个动作。

(3) 在第一张幻灯片中插入一个按钮，为"下一页"，单击此按钮即可切换到下一页。

在第二张幻灯片中插入两个按钮为"下一页""退出"，单击"下一页"按钮，即可切换到下一页，单击"退出"则结束整个演示文稿的播放。

在第三张到第六张幻灯片中插入一组按钮"上一页""下一页""返回""退出"，单击每个按钮即可完成相应的功能，单击"返回"按钮则返回到第二张幻灯片。

(4) 设置第一张幻灯片的切换方式为"盒状收缩"，第二张幻灯片的切换方式为"慢速水平百叶窗"，第三张幻灯片的切换方式为"快速向下插入"，第四张到第六张幻灯片的切换方式为"中速纵向棋盘式"。

设置第二张幻灯片中的每个项目均能链接到其所在的幻灯片，如单击"努力学习"，则可以切换到其所在的幻灯片。

设置幻灯片中的各个对象的动作是在前一事件后1秒进行自动播放，要求此演示文稿播放时按鼠标左键不能进行幻灯片切换。

设置幻灯片大小为A4纸，宽度为24厘米，高度为16厘米。

# 第 6 章 数据库管理软件Access 2016

本章主要介绍数据库的基本知识与概念，Access 2016 的各种新功能，在介绍基本概念的基础上结合实例讲解数据库的创建与使用，表的创建与使用，表中记录的增删改查等操作，查询的种类及其创建方法等内容。

**本章的学习目标：**
- 了解数据库的基本知识
- 熟悉 Access 2016 的主要特点和功能
- 掌握创建数据库的方法
- 掌握 Access 中数据表的创建和维护等基本操作
- 学会建立表之间的联系和查询
- 了解其他数据库对象的基本操作
- 学会进行各种数据的分析与管理

## 6.1　Access 2016 的基本操作

### 6.1.1　数据库基础知识

信息是指现实世界中事物的存在方式或运动状态的表征，是客观世界在人们头脑中的反映，是可以传播和加以利用的一种知识。数据是信息的载体，是描述事物的符号记录，信息是数据的内容。描述事物的符号可以是数字，也可以是文字、图形、声音、语言等。数据管理是指对各种数据进行收集、存储、加工和传播的一系列活动的集合。数据管理技术经历了人工管理、文件管理和数据库管理三个阶段。

数据库技术是数据管理的最新技术，也是计算机科学研究应用极为活跃的一个重要分支。数据库技术被广泛地应用于数据处理的各个领域，如银行业用数据库存储客户的信息、账户、贷款以及银行的交易记录；电信行业用数据库存储用户的通话记录、套餐资费等信息。

**1. 数据库**

1) 数据库的定义

数据库(Database，DB)是存放数据的仓库。在计算机领域，数据库是指长期存储在计算机内的、有组织的、可共享的、统一管理的相关数据的集合。例如，在日常生活中，人们用笔记本记录亲朋好友的联系方式，将他们的姓名、地址、电话、邮箱等信息都记录下来，这个"通讯录"就是一个最简单的"数据库"，每个人的姓名、地址、电话、邮箱等信息就是这个数据库中的"数据"。人们可以在"通讯录"这个"数据库"中添加新朋友的个人信息，由于某个朋友的电话变动也可以修改他的电话号码这个"数据"。使用"通讯录"这个"数据库"可以方便地查到某位亲朋好友的地址、电话号码或邮箱等"数据"。

2) 数据库的主要特征
- 数据独立性：指数据与应用程序之间相互独立，不存在依赖关系。
- 最小冗余(重复)：指数据库中的数据尽可能不重复。
- 数据共享：指数据库中的数据可以同时为多个用户和多个应用程序服务。
- 数据安全性：通过用户合法性的检验、数据存取权限的限定等保护数据库，防止不合法使用。
- 数据完整性：指存取数据库中的数据时要确保其正确性、一致性和有效性。

3) 数据库的发展

数据库的发展主要有三个阶段：
- 层次数据库：采用层次数据模型(如图 6-1 所示)，即使用树型结构来表示数据库中的记录及其联系，代表产品是 1969 年美国 IBM 公司研制的层次数据库系统 IMS。

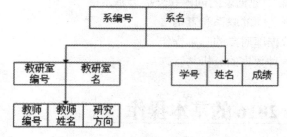

图 6-1　院系人员组成结构图(层次数据模型)

- 网状数据库：采用网状数据模型(如图 6-2 所示)，即使用有向图(网格)来表示数据库中的记录及其联系，代表产品是 20 世纪 70 年代 CULLINET 公司的 IDMS、CIMCOM 公司的 TOTAL 等。网状数据库能比较自然地模拟数据关系，在关系数据库出现之前，网状数据库比层次数据库使用普遍。
- 关系数据库：采用关系数据模型(如图 6-3 所示)，即使用二维表格的形式来表示数据库中的数据及其联系。关系模型中实体及实体间的关系均由关系来表示，关系也称表，一个关系数据库就是由若干个表组成的。目前，大部分数据库采用的是关系型数据库。20 世纪 70 年代对关系数据库的研究主要集中在理论和实验系统的开发方面。80 年代初才形成产品，但很快得到广泛的应用和普及，并最终取代了层次、网状数据库产品。

图 6-2　院系的教务管理系统(网状数据模型)

面向对象数据库是未来数据库的方向。它将以更加丰富的数据模型和更强大的数据管理功能为特征，提供传统数据库系统难以支持的新应用，它支持面向对象，具有开放性，并能够在多个平台上使用。

字段　关系　记录

| 学号 | 系别 | 姓名 | 性别 | 出生日期 |
|---|---|---|---|---|
| 20171001 | 网安系 | 张三多 | 男 | 2000-02-12 |
| 20171002 | 网安系 | 李四 | 女 | 2000-03-15 |
| 20171003 | 网安系 | 李晨阳 | 男 | 1999-09-30 |
| 20172002 | 侦查系 | 崔萍 | 女 | 2001-01-17 |
| 20172004 | 侦查系 | 张云丽 | 女 | 1998-03-26 |
| 20172005 | 侦查系 | 马宁 | 女 | 2000-06-23 |
| 20173002 | 法学系 | 罗林琳 | 女 | 1999-08-26 |
| 20181005 | 网安系 | 刘雪琪 | 女 | 2000-05-23 |
| 20182001 | 侦查系 | 刘方涛 | 男 | 2000-06-16 |
| 20173001 | 法学系 | 马东 | 男 | 1999-05-15 |

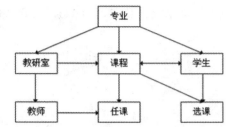

图 6-3　院系的学生信息表(关系数据模型)

#### 4) 关系数据库的特征

关系数据库中数据的逻辑结构就是一张二维表，它由行和列组成。一张二维表对应了一个关系，表中的一列即为记录的一个字段，表示事物的某个属性的取值。表中的一行即为一条记录，表示一个对象的各个属性的取值，即对象的完整数据。所有记录表示了事物全体的各个属性或各事物之间的联系。二维表的第一行是各字段的名称，称为“字段名”。

关系具有以下基本特征：

- 关系(表)可以看成是由行和列交叉组成的二维表，同一字段数据的类型相同，它们均为同一属性的值。
- 各分量必须是原子值，即每一个分量不可再分解，即数据表中不能含有可再分解的“表”。
- 关系中任意两行记录不能完全相同。
- 在同一个关系中，字段名不能相同。
- 行的顺序可以任意交换，列的顺序也可以任意交换。

### 2. 数据库管理系统

数据库管理系统(Database Management System，DBMS)是位于用户和数据库之间的一个数据管理软件，是用户使用数据库的接口(如图 6-4 所示)，它的主要任务是对数据库的建立、运行和维护进行统一管理、统一控制，即用户不能直接接触数据库，而只能通过 DBMS 来操纵数据库。当前较有影响的数据库管理系统有 DB2、Oracle、SYBASE、SQL Server 和 Access 等。

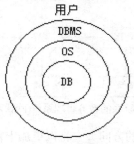

图 6-4　系统层次图

以 Access 为代表的数据库管理系统的基本功能如下：
- 建立数据库：数据库结构和数据的定义。
- 数据库操作：对数据进行增加、删除、修改、排序、索引、统计、检索等操作。
- 数据通信：与其他应用程序进行数据交换。

**3. 数据库系统**

数据库系统(Database System，DBS)是指采用数据库技术的计算机系统，由硬件系统、数据库、DBMS、应用软件和系统维护管理人员五部分组成。

## 6.1.2　Access 的基本操作

Access 2016 是美国 Microsoft 公司推出的关系型数据库管理系统，它是 Microsoft Office 的组成部分之一，具有与 Word、Excel 和 PowerPoint 等相似的操作界面。它提供了一套完整的工具和向导，用户可通过可视化操作来完成绝大部分的数据库管理和开发工作，还可通过 VBA(Visual Basic for Application)开发高质量的数据库应用软件。

**1. 数据库的基本操作**

选择"开始"→Microsoft Office→Access 2016 命令，即可启动 Access 2016。

**1) 新建数据库**

方法一：启动 Access 2016 后，单击"文件"→"新建"→"空白数据库"，此时将弹出对话框要求输入新数据库的名称和文件存放路径，最后单击"创建"按钮，即可创建一个扩展名为.accdb 的空白数据库文件。

方法二：启动 Access 2016 后系统默认选择"空白数据库"选项。

**2) 打开数据库**

与其他 Office 组件一样，除了在 Access 窗口的"文件"菜单中单击"打开"以外，一般在"文件资源管理器"或"此电脑"找到数据库文件后直接双击即可打开。

**3) 关闭和保存数据库**

Access 数据库文件的保存有其特殊性，它会随着数据的增加自动及时保存，因此在关闭数据库文件的同时,Access 将自动保存对数据所做的更改。

#### 2. 表的基本操作

1) 表的视图

Access 2016 数据库文件为表提供了两种视图,包括数据表视图和设计视图。同一个表的不同视图适用于不同的操作情形,通常情况下,数据表视图主要用于编辑和显示当前数据库中的数据,大多数表记录的相关操作是在数据表视图中进行的。设计视图用于表结构的修改操作。新建数据库文件或刚打开的数据库文件中的表默认打开是数据表视图。

切换表视图的方法:在打开的数据表"开始"选项卡的"视图"组中单击"视图"按钮,则可实现"数据表视图"和"设计视图"的快速切换,如图 6-5 所示。

图 6-5　切换表的视图的方法

2) 设计视图中的相关操作

(1) 创建表

在"创建"选项卡的"表格"组中单击"表设计"按钮,如图 6-6 所示。

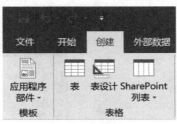

图 6-6　使用设计视图创建表

(2) 选中和移动字段

在表设计视图左侧行首的"行选择器"方块中单击选中字段,桔红色框线处为当前选中字段。在选中字段的"行选择器"方块处,等鼠标指针变为 时拖动即可将字段移动到指定位置,如图 6-7 所示。

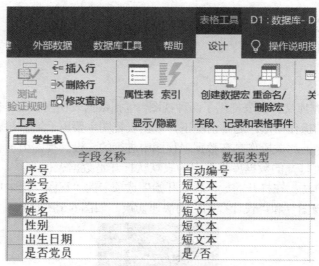

图 6-7　选中和移动字段

(3) 增加字段

如果增加的新字段在末尾时，直接输入即可，在其他位置时，要在【设计】选项卡的【工具】组中单击【插入行】按钮，即在当前字段之前插入一个新字段，新插入的字段需要设置其字段名称和数据类型等选项。

(4) 删除字段

先选中字段，然后在【设计】选项卡的【工具】组中单击【删除行】按钮。

(5) 设置或修改字段的数据类型

单击"数据类型"右侧的下拉箭头展开下拉列表，选择数据类型，如图 6-8 所示。

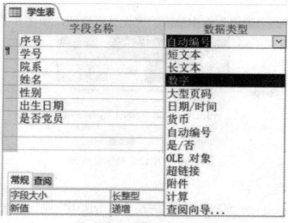

图 6-8　修改字段

Access 2016 提供了 13 种数据类型，具体说明见表 6-1。

表 6-1 数据类型及用途

| 数据类型 | 可存储的数据 | 大小 |
| --- | --- | --- |
| 短文本 | 文本或文本与数字的组合 | 0~255 个字符 |
| 长文本 | 长文本或文本与数字的组合 | 0~65536 个字符 |
| 数字 | 用来进行数值计算的数字数据 | 1、2、4 或 8 字节 |
| 大型页码 | 用来存储非货币值大数值 | 8 字节 |
| 日期/时间 | 日期或时间值 | 8 字节 |
| 货币 | 货币值 | 8 字节 |
| 自动编号 | 自动数字增加(每次递增 1) | 4 字节 |
| 是/否 | 逻辑值：是/否，真/假 | 1 位 |
| OLE 对象 | 在其他程序中使用 OLE 创建的对象(例如 Word 文档、Excel 电子表格、图像、声音或视频等) | 最大可为 1GB(受磁盘空间限制) |
| 超链接 | 存储超级链接的字段 | 0~64000 个字符 |
| 附件 | 附加到数据库中记录的图像、电子表格文件、文档、图表以及所支持的其他类型文件，类似于将文件附加到电子邮件 | 取决于附件大小 |
| 计算 | 存储计算结果。计算必须引用相同表格中的其他字段 | 取决于计算公式结果的数据类型 |
| 查阅向导 | 创建字段，该字段使用组合框选择来自其他表或来自列表中的值。在数据类型列表中选择此项，将打开向导进行定义 | 与主关键字字段的长度相同，且该字段也是查阅字段，通常为 4 字节 |

(6) 设置主键

主关键字简称主键，用于唯一地标识表中的各个记录，由表中的一个或多个字段组成。选中需要设置主键的字段，在【设计】选项卡的【工具】组中单击【主键】，字段前面出现一个标记，如图 6-9 所示。

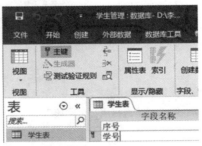

图 6-9 设置主键

**注意：**
主键字段值不能有重复值，也不能为空值，主键对表并非必需，利用主键还可以对记录进行快速的查找和排序。通常主键是单个字段，但也可以设置两个或多个字段作为主键(复合主键)。

3) 数据表视图中的相关操作

(1) 选中和移动字段

将鼠标移动到字段名处，等鼠标指针变为↓时单击，桔红色框线处为当前选中字段。在选定字段名处，等鼠标指针变为时拖动即可将字段移动到指定位置，如图6-10所示。

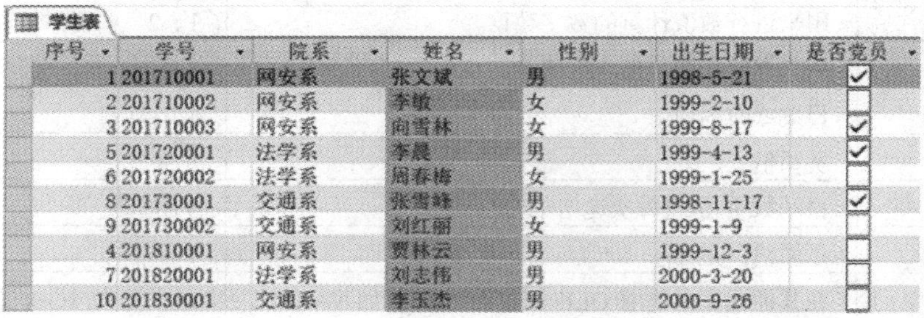

图6-10 选中和移动字段

(2) 增加字段

右击字段名，在出现的快捷菜单中选择"插入字段"命令，如图6-11所示，可以在该字段左边插入一列新字段；再双击插入的新字段的默认名(字段1、字段2……)更改字段名称；最后在"字段"选项卡中"格式"组的"数据类型"处设置常见的数据类型，少量的数据类型设置可在"字段"选项卡中"添加和删除"组的"其他字段"下拉列表中选择。此外，可以选中新插入的字段，在鼠标出现形状时拖动鼠标到指定位置。

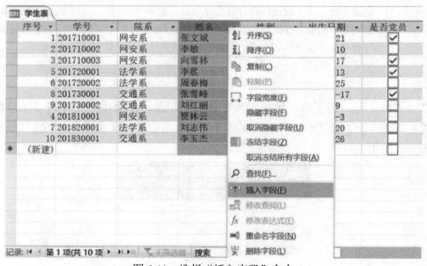

图6-11 选择"插入字段"命令

(3) 删除字段

右击要删除的字段名，在出现的快捷菜单中选择"删除字段"命令，在弹出的确认对话框中单击"是"按钮，即可删除该字段及其所有数据，如图6-12所示。

(4) 选中记录行

将鼠标移动到行首"记录选定器"方块处，等出现→时，单击选中该记录。

图 6-12　删除字段

(5) 增加表记录

数据表视图是表记录操作的主要界面，在表中增加记录时只能在表的末尾"追加"新记录，而不能在某条记录前面"插入"新记录。

(6) 删除表记录

在选中一个或多个记录后，可以有 3 种方法删除表记录，其一是右击鼠标，选择快捷菜单中的"删除记录"命令；其二是单击"开始"选项卡中"记录"组的"删除"按钮；其三是直接按 Delete 键。

**注意：**

在弹出的确认对话框中单击【是】按钮，可以删除选中的记录，删除的记录将无法恢复，如图 6-13 所示。

图 6-13　删除记录

(7) 修改表记录

直接修改，及时保存。

(8) 美化数据表

在 Access 的"开始"选项卡的"文本格式"组中设置数据表的字体、字号、颜色等。与 Excel 工作表的操作相同，可以通过拖动行列分隔处来调整行高和列宽。

**4) 表的基本操作**

(1) 表的备份

为了便于表的管理和数据恢复，通常需要对表进行备份。一般有 3 种方法，其一是在 Access 窗口左侧的"导航窗格"中右击表名称，在出现的快捷菜单中选择"复制"命令，再右击并选择快捷菜单中的"粘贴"命令，在弹出的"粘贴表方式"对话框中做进一步选择；其二是在按住 Ctrl 键的同时拖动表名图标，直接生成表的副本；其三是单击"文件"菜单→"另存为"→"对象另存为"→"将对象另存为"→"另存为"。

(2) 删除表对象

直接右击表名，在出现的快捷菜单中选择"删除"命令即可。

(3) 表的重命名

直接右击表名，在出现的快捷菜单中选择"重命名"命令，然后输入新的名称。

**注意：**

必须在表关闭的状态下，才能删除表对象和重命名表名称。

### 5) 数据的排序、筛选

(1) 数据排序

当打开一个表时，Access 2016 默认以主关键字排序来显示记录，如表中未定义主键，则按照记录在表中输入的实际顺序来显示。如需要改变记录显示的顺序，就需要对表中记录进行重新排序，以便查阅。

a. 单个字段排序

方法一：定位在该字段任一区域或选中该字段列，然后单击"开始"选项卡中"排序和筛选"组的"升序"或"降序"按钮。选择"取消排序"即取消了排序。

方法二：右击该字段名或该字段任一区域，在弹出的快捷菜单中选择"升序"或"降序"选项。

b. 多个字段排序

按住 Shift 键选定多个要排序的字段后，其排序的操作方法与单个字段排序相同。当按多个字段排序时，首先根据第一个字段按照指定的顺序进行排序，当第一个字段具有相同的值时，再按照第二个字段进行排序，以此类推，直到按全部指定字段排序。

用右击鼠标的方法排序时，需在字段名处右击才能实现对多个字段的排序选择。

**注意：**

多个字段排序时，这些字段必须相邻，并且每个字段都要按照同样的方式(升序或降序)进行排序。如果两个字段不相邻，需要调整字段位置，而且把第一个排序字段置于最左侧。

(2) 数据筛选

数据筛选是在众多记录中找出那些满足指定条件的数据记录而把其他记录隐藏起来(并不是删除记录)的操作。筛选时必须设置好筛选条件，Access 将筛选并显示符合条件的数据。因此，从这个意义上讲，筛选也就是查询。利用筛选功能可按用户需要查找表中的相关数据，但筛选结果无法保存。在数据表、查询、窗体中都可以创建筛选。筛选主要有 3 种方式。

a. 按选定内容筛选

这类筛选需提前选定内容或定位到相应字段值，有 3 种方法实现相应操作：

方法一：右击鼠标，在快捷菜单中选择"文本筛选器"命令。

右击筛选字段区域任意位置，在弹出的快捷菜单中选择"清除筛选器"命令即取消了筛选。

方法二：单击"开始"选项卡中"排序和筛选"组中的"筛选器"按钮，可实现按选定内容筛选。

方法三：单击"开始"选项卡中"排序和筛选"组的"选择"按钮右侧的下拉箭头，展开下拉列表，可实现按选定内容筛选。

b. 按窗体筛选

按窗体筛选是一种快速的筛选方法，使用它不需要浏览整个数据表的记录，可以加入复杂的选择条件来满足用户的具体要求。

方法：单击【开始】选项卡→【排序和筛选】→【高级】→【按窗体筛选】。

单击【按窗体筛选】命令时，数据表将转变为单一记录的形式，并且每个字段都变为一个下拉列表框，可以从每个列表中选取一个值作为筛选的内容。

单击【开始】选项卡→【排序和筛选】→【高级】→【应用筛选/排序】，可以查看筛选结果。单击【开始】选项卡→【排序和筛选】→【切换筛选】，可以在"已筛选"和"未筛选"之间进行切换。

单击【开始】选项卡→【排序和筛选】→【高级】→【清除所有筛选器】，可以把所设置的筛选全部清除掉，恢复筛选前的状态。

c. 高级筛选/排序

当筛选条件比较复杂时，可以使用 Access 提供的高级筛选功能，高级筛选/排序可以加入更为复杂的条件来满足用户更具体的要求，并能同时实现对字段的排序。

方法：单击【开始】选项卡→【排序和筛选】→【高级】→【高级筛选/排序】。

### 3. 创建简单查询

筛选只能从单个表中查询数据，不能从多个表中进行数据查询。要实现此功能，需用到 Access 提供的查询对象。查询对象既能从单个表中查询数据，也可以从多个表中联合查询数据。查询是数据库中的重要操作，查询可以查找数据库中满足特定条件的数据，并能将查询结果保存起来，以供查看、统计分析与决策使用，且其中的数据和源表数据保持同步更新。查询对象所基于的数据表，称为查询对象的数据源，查询的结果也可以作为数据库中其他对象的数据源。查询有很多种类，按功能划分为 5 种，包括选择查询(简单查询)、参数查询、交叉表查询、操作查询和 SQL 查询。其中选择查询是最常用的，也是最基本的查询。它根据指定的查询条件，从一个或多个表中获取数据并显示结果。本章只介绍简单查询。

1) "查询"对象的选择和视图的切换

(1) "查询"对象的选择

"表"对象是数据库窗口默认进入的对象子窗格，单击子窗格右侧的 ⊙ 按钮在"对象菜单"中选择【查询】，即可进入"查询"对象子窗格，如图6-14所示。

(2) "查询"对象的视图切换

与"表"对象的视图切换相同，主要采用单击【开始】选项卡中【视图】组的【视图】按钮，可以直接在"数据表视图"和"设计视图"中反复切换。

2) 创建简单查询

简单查询就是选择查询，这是 Access 2016 中最常用、使用规则最简单的查询方法。

(1) 利用"查询向导"创建简单查询

这是根据系统提示的步骤选择设置的过程，它的特点是方便简单，但缺乏一定的自主灵活性。方法是单击【创建】选项卡中【查询】组的【查询向导】按钮。

图 6-14 创建查询

(2) 利用"查询设计"创建简单查询

这是自主选择数据源设置的查询,它的特点是灵活多变,但有一定的复杂度。方法是单击【创建】选项卡中【查询】组的【查询设计】按钮,打开"查询设计"视图。

## 6.2 综合应用

### 6.2.1 案例的提出与分析

王强是某高校的一名教务管理员,现要对学生进行数据的录入与分析,但是王强不知道如何来录入和分析数据,于是有同事建议他用 Access 进行数据的录入与分析,但是王强不会使用 Access 数据库软件,所以他决定从零开始学习 Access 数据库。

### 6.2.2 案例主要知识点

(1) 创建数据库。
(2) 创建表。
(3) 创建简单查询。

### 6.2.3 案例实现步骤

王强经过一段时间的学习后,决定创建一个"学生管理"数据库,里面包括一个"学生表"对象,表的结构如图 6-15 所示。

**1. 创建数据库,并对表进行修改**

(1) 启动 Access 2016,创建一个名为"学生管理"的空白数据库。选择"文件"菜单的"新建"命令,单击窗口右侧的"空白数据库",在弹出对话框中输入"学生管理"的数据库名称和文件存放路径,最后单击"创建"按钮自动创建一个空白表,并在表里输入相应的数据,在设计视图中输入如图 6-15 所示的内容，在数据表视图中输入如图 6-16 所示的内容。

| 字段名称 | 数据类型 |
| --- | --- |
| 序号 | 自动编号 |
| 学号 | 短文本 |
| 院系 | 短文本 |
| 姓名 | 短文本 |
| 性别 | 短文本 |
| 出生日期 | 短文本 |
| 是否党员 | 是/否 |

图 6-15　在设计视图中输入内容

| 序号 | 学号 | 院系 | 姓名 | 性别 | 出生日期 | 是否党员 |
| --- | --- | --- | --- | --- | --- | --- |
| 1 | 201710001 | 网安系 | 张文斌 | 男 | 1998-5-21 | ✓ |
| 2 | 201710002 | 网安系 | 李敏 | 女 | 1999-2-10 | |
| 3 | 201710003 | 网安系 | 向雪林 | 女 | 1999-8-17 | ✓ |
| 4 | 201810001 | 网安系 | 贾林云 | 男 | 1999-12-3 | |
| 5 | 201720001 | 法学系 | 李晨 | 男 | 1999-4-13 | ✓ |
| 6 | 201720002 | 法学系 | 周春梅 | 女 | 1999-1-25 | |
| 7 | 201820001 | 法学系 | 刘志伟 | 男 | 2000-3-20 | |
| 8 | 201730001 | 交通系 | 张雪峰 | 男 | 1998-11-17 | ✓ |
| 9 | 201730002 | 交通系 | 刘红丽 | 女 | 1999-1-9 | |
| 10 | 201830001 | 交通系 | 李玉杰 | 男 | 2000-9-26 | |

图 6-16　在数据表视图中输入内容

(2) 在设计视图中修改表的结构，将"学号"字段设为主键，将"院系"字段修改为：

| 字段名 | 数据类型 | 字段大小 |
| --- | --- | --- |
| 院系 | 短文本 | 200 |

(3) 切换到数据表视图，删除第 4 条记录。
(4) 将姓名为"李敏"的字段值改为"李冬敏"；将"出生日期"字段值改为"1999-8-18"。
(5) 在表的末尾追加如下记录，如图 6-17 所示。

| 序号 | 学号 | 院系 | 姓名 | 性别 | 出生日期 | 党员否 |
| --- | --- | --- | --- | --- | --- | --- |
| 11 | 201810002 | 网安系 | 刘洪涛 | 男 | 2000-2-5 | 否 |
| 12 | 201820002 | 法学系 | 周婷 | 女 | 2000-6-29 | 否 |

图 6-17　追加记录

(6) 单击"快速访问工具栏"→"保存"→"另存为"→"表名称"中输入"学生表"→"确定"。

### 2. 利用"查询向导"创建简单查询

第一步：单击"创建"选项卡中"查询"组的"查询向导"按钮，如图 6-18 所示。

图 6-18　单击"查询向导"按钮

第二步：打开"新建查询"对话框，默认选择【简单查询向导】后单击【确定】按钮，如图 6-19 所示。

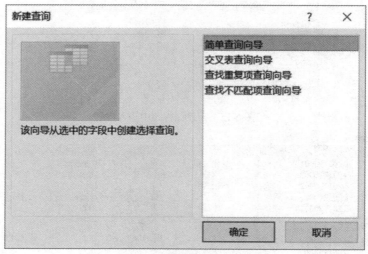

图 6-19 "新建查询"对话框

第三步：打开"简单查询向导"对话框，默认选择源表"学生表"，选择需要创建查询的 3 个字段"学号""院系"和"姓名"，选择字段的方法是逐个选择再单击 > 按钮或直接逐个双击字段，选择完成后单击【下一步】按钮，如图 6-20 所示。

第四步：输入或使用默认查询名称后单击【完成】按钮，如图 6-21 所示。该查询创建完成后将直接进入查询的"数据表视图"显示结果，如图 6-22 所示。

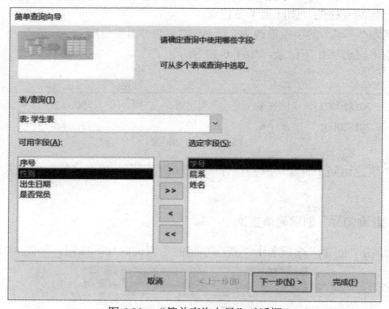

图 6-20 "简单查询向导"对话框

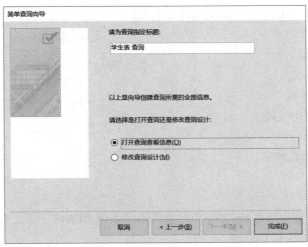

图 6-21　单击“完成”按钮

| 学号 | 院系 | 姓名 |
|---|---|---|
| 201710001 | 网安系 | 张文斌 |
| 201710002 | 网安系 | 李冬敏 |
| 201710003 | 网安系 | 向雪林 |
| 201720001 | 法学系 | 李晨 |
| 201720002 | 法学系 | 周春梅 |
| 201820001 | 法学系 | 刘志伟 |
| 201730001 | 交通系 | 张雪峰 |
| 201730002 | 交通系 | 刘红丽 |
| 201830001 | 交通系 | 李玉杰 |
| 201810002 | 网安系 | 刘洪涛 |
| 201820002 | 法学系 | 周婷 |

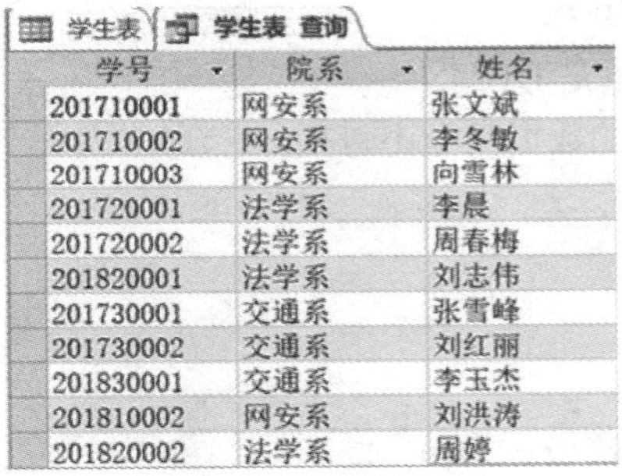

图 6-22　简单查询结果

## 6.3 本章小结

本章从教学的实际需求出发，合理安排知识结构，从零开始、由浅入深、系统而全面地介绍了 Access 2016 关系型数据库的各项功能、各种数据库对象的创建与使用等内容。

## 6.4 思考和练习

### 1. 选择题

(1) 数据管理经过了若干发展阶段，下列哪个不属于发展阶段(　　)。

A. 人工管理阶段
B. 机械管理阶段
C. 文件系统阶段
D. 数据库系统阶段

(2) 下列选项中，不属于数据库系统特点的是(　　)。
    A. 数据共享
    B. 数据完整性
    C. 数据冗余度高
    D. 数据独立性高
(3) 数据库系统的核心是(　　)。
    A. 数据库
    B. 数据库管理系统
    C. 数据模型
    D. 软件工具
(4) 数据库 DB、数据库系统 DBS 和数据库管理系统 DBMS 三者之间的关系是(　　)。
    A. DBS 包括 DB 和 DBMS
    B. DDMS 包括 DB 和 DBS
    C. DB 包括 DBS 和 DBMS
    D. DBS 就是 DB，也就是 DBMS
(5) Access 2016 表中字段的数据类型不包括(　　)。
    A. 数字
    B. 日期/时间
    C. 通用
    D. 长文本
(6) "是/否"数据类型通常被称为(　　)。
    A. 真/假型
    B. 布尔型
    C. I/O 型
    D. 对错型
(7) 在 Access 数据库中，一个关系就是一个(　　)。
    A. 二维表
    B. 记录
    C. 字段
    D. 数据库
(8) 常用的数据模型有网状模型、关系模型和(　　)。
    A. 分支模型
    B. 系统模型
    C. 独立模型
    D. 层次模型
(9) 如果一张数据表中含有照片，那么照片所在的字段的数据类型通常为(　　)。
    A. OLE 对象型
    B. 超链接型
    C. 查阅向导型

D. 长文本型

(10) 在 Access 中，查询的数据源可以是(  )。

A. 表

B. 查询

C. 表和查询

D. 查询和报表

2. 填空题

(1) 在 Access 2016 的功能区中有 5 个常规命令选项卡，分别是"文件"、_____、"创建"、_____ 和 _____。

(2) Access 2016 数据库文件的扩展名是_____。

(3) Access 2016 数据库中表的视图类型有_____ 和 _____。

(4) 多个字段排序时，这些字段必须_____，并且每个字段都要按照_____进行排序。

(5) 筛选主要有 3 种方式：_____、_____、和_____。

3. 简答题

(1) 什么是数据库？什么是数据库系统？

(2) 关系的基本特征是什么？

(3) 什么是数据库管理系统？它主要有哪些功能？

(4) 数据库的主要特征是什么？

(5) 什么是数据筛选？Access 2016 查询有几种类型？

4. 操作题

(1) 建立一个名 TSGL.accdb 的图书管理数据库，并向该数据库中添加 1 张名为"图书信息"的数据表，表的结构、表的记录分别如表 6-2、表 6-3 所示。

表 6-2  "图书信息"表的结构

| 字段名称 | 字段类型 | 字段大小 | 数值范围 | 小数位数 |
| --- | --- | --- | --- | --- |
| 图书编号 | 短文本 | 6 | | |
| 图书类别 | 短文本 | 10 | | |
| 图书名称 | 短文本 | 30 | | |
| 作者 | 短文本 | 8 | | |
| 出版社名称 | 短文本 | 20 | | |
| 出版日期 | 日期和时间 | | | |
| 定价 | 数字 | 小数 | 5 | 1 |
| 状态 | 是/否 | | | |

表 6-3 "图书信息表"的记录

| 图书编号 | 图书类别 | 图书名称 | 作者 | 出版社名称 | 出版日期 | 定价 | 状态 |
|---|---|---|---|---|---|---|---|
| 100001 | 计算机 | Access 2016 实用教程 | 刘卫国 | 清华大学出版社 | 2017-03-10 | 35.0 元 | true |
| 100002 | 计算机 | 计算机基础 | 吕晓红 | 电子工业出版社 | 2015-05-23 | 45.0 元 | true |
| 100003 | 计算机 | 计算机网络教程 | 王建明 | 高等教育出版社 | 2016-07-02 | 38.0 元 | false |
| 100004 | 外语 | 实用英语综合教程 | 吴燕 | 高等教育出版社 | 2015-09-06 | 46.0 元 | true |
| 100005 | 物理 | 数字电路基础教程 | 罗成刚 | 电子工业出版社 | 2016-10-25 | 55.0 元 | false |

(2) 在"出版社名称"和"出版日期"字段之间增加一个新字段：字段名为"库存"，字段类型为"数字"，字段大小为"整型"。

(3) 设置"图书编号"字段为主键。

(4) 在末尾增加新记录：100006，外语，国际商务英语，刘忠，高等教育出版社，2015-06-21，35.00 元，true。

(5) 查询"图书信息"表中所有图书的图书编号、图书名称、作者和定价，并按定价由高到低显示结果。

(6) 删除"库存"字段。

# 第 7 章
# 计算机网络基础及应用

本章主要介绍计算机网络的基本概念、网络的发展、网络的分类、网络的体系结构和拓扑结构以及 Internet 的接入方式,通过案例分析介绍家庭无线网络的设置和 Internet Explorer 的使用方法。

**本章学习目标:**
- 了解计算机网络的定义、类型、传输介质与访问控制方式
- 理解网络的体系结构和拓扑结构
- 熟练掌握 Internet Explorer、Outlook Express、CuteFTP 的使用方法以及计算机网络硬件系统、软件系统及计算机网络应用的基本知识
- 熟练掌握家庭无线网络的设置

## 7.1 计算机网络的产生和发展

### 1. 计算机网络的概念

最简单的计算机网络只有两台计算机和连接它们的一条链路。最复杂的计算机网络就是互联网(Internet),它由许多计算机网络通过路由器互联而成。因此,互联网也称为"网络的网络"。

对于"计算机网络"这个概念的理解和定义,随着计算机网络本身的发展,人们提出了各种不同的观点。关于计算机网络的最简单定义是:一些互相连接的、自治的计算机的集合。图 7-1 给出了简单的计算机网络系统的示意图,它将若干台计算机、打印机和其他外部设备互联成整体。连接到网络中的计算机、外部设备、通信控制设备等称为网络节点。

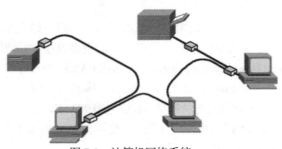

图 7-1 计算机网络系统

这里将计算机网络定义为通过通信设施(通信网络)，将地理上分散的具有自治功能的多个计算机系统互联起来，进行信息交换，实现资源共享、互操作和协同工作的系统。所以，计算机网络是计算机技术和通信技术紧密结合的产物。对于这个概念的理解可以从以下 3 个方面进行。

(1) 建立计算机网络的主要目的是实现计算机资源的共享。计算机资源主要指计算机的硬件、软件与数据。网络用户不但可以使用本地计算机资源，而且可以通过网络访问联网的远程计算机资源，还可以调用网络中几台不同的计算机共同完成某项任务。

(2) 互联的计算机是分布在不同地理位置的多台独立的"自治计算机"。互联的计算机之间没有明确的主从关系，每台计算机既可以联网工作，也可以脱网独立工作，联网计算机可以为本地用户提供服务，也可以为远程网络用户提供服务。

(3) 联网计算机之间的通信必须遵守共同的"网络协议"。网络中为进行数据传送而建立的规则、标准称为网络协议。这就和人们之间的对话一样，如果两人不懂得对方的语言，则无法进行交流。

**2. 计算机网络的产生与发展**

从现代网络的形态出发，追溯历史，将有助于人们对计算机网络的理解。计算机网络的发展过程大致可分为以下四个阶段。

(1) 第一阶段：以单个计算机为中心的远程联机系统，构成面向终端的计算机通信网(20 世纪 50 年代)。

1946 年世界上第一台电子计算机 ENIAC 在美国诞生时，计算机技术与通信技术并没有直接的联系。20 世纪 50 年代初，美国为了自身的安全，在美国本土北部和加拿大境内，建立了一个半自动地面防空系统，简称 SAGE 系统，进行了计算机技术与通信技术相结合的尝试。

人们把这种以单台计算机为中心的联机系统称为面向终端的远程联机系统。该系统是计算机技术与通信技术相结合而形成的计算机网络的雏形，因此也称为面向终端的计算机通信网。20 世纪 60 年代初美国航空订票系统 SABRE-1 就是这种计算机通信网络的典型应用，该系统由一台中心计算机和分布在全美范围内的 2000 多个终端组成，各终端通过电话线连接到中心计算机。第一阶段计算机网络系统中除主计算机(Host)具有独立的数据处理能力外，系统中所连接的终端设备均无独立处理数据的能力。由于终端设备不能为中心计算机提供服务，因此终端设备与中心计算机之间不提供相互的资源共享，网络功能以数据通信为主。

(2) 第二阶段：多个自主功能的主机通过通信线路互联，形成资源共享的计算机网络(20 世纪 60 年代末)。

到了 20 世纪 60 年代中期，美国出现了将若干台计算机互联起来的系统。这些计算机之间不但可以彼此通信，还可以实现与其他计算机之间的资源共享。成功的典型就是美国国防部高级研究计划署(Advanced Research Project Agency，ARPA)在 1969 年将分散在不同地区的计算机组建成的 ARPA 网，它也是 Internet 的最早发源地。最初的 ARPA 网只连接了 4 台计算机。到 1972 年，有 50 余家大学和研究所与 ARPA 网连接。1983 年，已有 100 多台不同体系结构的计算机连接到 ARPA 网。ARPA 网在网络的概念、结构、实现和设计方面奠定了计算机网络的基础，标志着计算机网络的发展进入第二阶段。

第二阶段计算机网络由资源子网和通信子网组成，资源子网由网络中的所有主机、终端、终端控制器、外设(如网络打印机、磁盘阵列等)和各种软件资源组成,负责全网的数据处理和向网络用户(工作站或终端)提供网络资源和服务。通信子网由各种通信设备和线路组成,承担资源子网的数据传输、转接和变换等通信处理工作。网络用户对网络的访问可分为两类。

- 本地访问:对本地主机访问,不经过通信子网,只在资源子网内部进行。
- 网络访问:通过通信子网访问远程主机上的资源。

(3) 第三阶段:形成具有统一的网络体系结构、遵循国际标准化协议的计算机网络(20 世纪 70 年代末)。

计算机网络发展的第三阶段是加速体系结构与协议国际标准化的研究与应用。20 世纪 70 年代末,国际标准化组织 ISO(International Organization for Standardization)的计算机与信息处理标准化技术委员会成立了一个专门机构,研究和制定网络通信标准,以实现网络体系结构的国际标准化。1984 年 ISO 正式颁布了称为"开放式系统互联参考模型"的国际标准 ISO7497,简称 OSI RM(Open System Interconnection Basic Reference Model),即著名的 OSI 七层模型。OSI RM 及标准协议的制定和完善大大加速了计算机网络的发展。很多大的计算机厂商相继宣布支持 OSI 标准,并积极研究和开发符合 OSI 标准的产品。

遵循国际标准化协议的计算机网络具有统一的网络体系结构,厂商须按照共同认可的国际标准开发自己的网络产品,从而保证不同厂商的产品可以在同一个网络中进行通信。这就是"开放"的含义。目前存在着两种占主导地位的网络体系结构:一种是国际标准化组织 ISO 提出的 OSI RM(开放式系统互联参考模型),另一种是 Internet 使用的事实上的工业标准 TCP/IP RM(TCP/IP 参考模型)。

(4) 第四阶段:向互联、高速、智能化方向发展的计算机网络(始于 20 世纪 80 年代末)。

从 20 世纪 80 年代末开始,计算机网络技术进入新的发展阶段,特点是:互联、高速和智能化。表现在以下几个方面:

- 发展以 Internet 为代表的互联网

进入 20 世纪 90 年代,Internet 的建立把分散在各地的网络连接起来,形成了跨越国界范围、覆盖全球的网络。Internet 已成为人类最重要、最大的知识宝库。

随着信息高速公路计划的提出和实施,Internet 在地域、用户、功能和应用等方面不断拓展,当今的世界已进入以网络为中心的时代,网上传输的信息已不仅仅限于文字、数字等文本信息,越来越多的包括声音、图形、视频在内的多媒体信息在网上交流。网络服务层出不穷并急剧增长,其重要性和对人类生活的影响与日俱增。

- 发展高速网络

1993 年美国政府公布了"国家信息基础设施"行动计划(NII-National Information Infrastructure),即信息高速公路计划。这里的"信息高速公路"是指数字化大容量光纤通信网络,用于把政府机构、企业、大学、科研机构和家庭的计算机联网。美国政府又分别于 1996 年和 1997 年开始研究发展更加快速可靠的互联网 2(Internet 2)和下一代互联网(Next Generation Internet)。可以说,网络互联和高速计算机网络正成为最新一代计算机网络的发展方向。

- 研究智能网络

随着网络规模的增大与网络服务功能的增多,各国正在开展智能网络 IN(Intelligent Network)的研究,以提高通信网络开发业务的能力,并更加合理地进行网络各种业务的管理,真正以分布和开放的形式向用户提供服务。

智能网的概念是美国于1984年提出的,智能网的定义中并没有人们通常理解的"智能"含义,它仅仅是一种"业务网",目的是提高通信网络开发业务的能力。它的出现引起了世界各国电信部门的关注,国际电联(ITU)在1988年开始将其列为研究课题。1992年ITU-T正式定义了智能网,制定了一个能快速、方便、灵活、经济、有效地生成和实现各种新业务的体系。该体系的目标是应用于所有的通信网络;不仅可应用于现有的电话网、N-ISDN网和分组网,也适用于移动通信网和B-ISDN网。随着时间的推移,智能网络的应用将向更高层次发展。

## 7.2 计算机网络的组成与功能

### 1. 计算机网络的组成

一般而言,计算机网络有三个主要组成部分:若干台主机,它们为用户提供服务;一个通信子网,它主要由节点交换机和连接这些节点的通信链路组成;一系列的协议,这些协议是为了在主机和主机之间或主机和子网中各节点之间进行通信而采用的,是通信方事先约定好的且必须遵守的规则。

为了便于分析,按照数据通信和数据处理的功能,一般从逻辑上将网络分为通信子网和资源子网两部分。图 7-2 给出了典型的计算机网络结构。

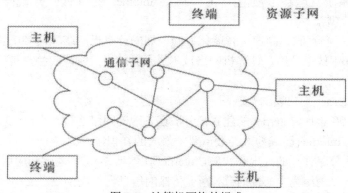

图 7-2  计算机网络的组成

1) 通信子网

通信子网由通信控制处理机(CCP)、通信线路与其他通信设备组成,负责完成网络数据的传输、转发等通信处理任务。

通信控制处理机在网络拓扑结构中被称为网络节点。它一方面作为与资源子网主机、终端连接的接口,将主机和终端接入网络;它另一方面又作为通信子网中的分组存储转发节点,完成分组的接收、校验、存储、转发等功能,实现将源主机报文准确发送到目的主机的作用。

2) 资源子网

资源子网由各计算机系统、终端控制器和终端设备、软件和可供共享的数据库等组成。资源子网负责全网的数据处理业务,向网络用户提供数据处理能力、数据存储能力、数据管理能力、数据输入输出能力以及其他数据资源。这些资源原则上可被所有用户共享。换句话说,在网络中,任何一台计算机的终端用户都能访问网络中的任何可共享的磁盘文件;使用网络中的任何打印和绘图设备;要求网络中的任何一台计算机为其进行处理和计算等。但对于具体的计算机网络来说,并不一定所有的网络资源都能为网络中的所有用户所共享,这取决于设计和应用要求。资源子网中的软件资源包括本地系统软件、应用软件以及用于实现和管理共享资源的网络软件。

### 2. 计算机网络的功能

计算机网络的功能非常广泛,概括起来主要有如下几个方面。

#### 1) 数据通信

数据通信即数据传送,是计算机网络的最基本功能之一,用于实现计算机与终端或计算机与计算机之间各种信息的传送。利用这一功能,地理位置分散的计算机系统可以及时、高速地传递各种信息。人们可以在网上传送电子邮件、发布新闻消息,进行电子商务、远程教育、远程医疗等活动。

#### 2) 资源共享

资源共享包括软件、硬件和数据资源的共享,是计算机网络最有吸引力的功能。资源共享指的是网上用户都能部分或全部地享受这些资源,使网络中各地区的资源互通有无,分工协作,从而大大提高系统资源的利用率。

网上的数据库和各种信息资源是共享的主要内容。因为任何用户都不可能把需要的各种信息由自己收集齐全,况且也没有这个必要,计算机网络提供了这样的便利,全世界的信息资源可通过 Internet 实现共享。例如,美国的一家名为 Dialog 的大型信息服务机构,有 300 多个数据库,这些数据库涉及科学、技术、商业、医学、社会科学、人文科学等各个领域,存储了 1 亿多条信息,包括参考书、专利、目录索引、杂志和新闻等。用户可以将微型计算机连接到该服务机构的主机以使用这些信息。

我国已建成了全国铁路专用网、国家计委四级经济信息系统、国家四级财政税收信息系统 3 个全国性的大型计算机网络信息系统,对我国的经济建设起到重大的促进作用。由中国科学院牵头建设的科学数据库已成为国内最大规模的科学数据库群。

#### 3) 分布式处理

当某台计算机负担过重时,或当计算机正在处理某项工作时,网络可将任务转交给空闲的计算机来完成,这样处理能均衡各计算机的负载,提高处理问题的实时性;对大型综合性问题,可将问题各部分交给不同的计算机分头处理,充分利用网络资源,扩大计算机的处理能力,增强实用性。对解决复杂问题来讲,多台计算机联合使用并构成高性能的计算机体系,这种协同工作、并行处理要比单独购置高性能的大型计算机便宜得多。

#### 4) 提高系统的可靠性和可用性

在网络中,计算机可以互为备份系统,通过将重要的软件、数据同时存储在网内的不同计算机中,可以避免由于机器损坏造成资源的丢失。当一台计算机出现故障时,既可在网内的其他计算机中找到相关资源的副本,也可以调度另一台计算机来接替完成计算任务。显然,比起单机系统,整个系统的可靠性大为提高。另外,当一台计算机的工作任务过重时,可以将部分任务转交给其他计算机处理，使整个网络中的各计算机负担比较均衡，从而提高每台计算机的可用性。

3. Internet 基本服务功能

1) WWW(World Wide Web)

万维网( World Wide Web，WWW)是Internet上集文本、声音、图像、视频等多媒体信息于一身的全球信息资源网络，是Internet上的重要组成部分。浏览器是用户通向WWW的桥梁和获取WWW信息的窗口，通过浏览器，用户可以在浩瀚的Internet海洋中漫游，搜索和浏览自己感兴趣的所有信息。

网页是用超文本标记语言 HTML(HyperText Markup Language)编写，通过万维网WWW(World Wide Web)传输，并在超文本传输协议 HTTP(HypeText Transmission Protocol)支持下运行的页面文件。超文本中不仅含有文本信息，还包括图形、声音、图像、视频等多媒体信息(故超文本又称超媒体)，更重要的是超文本中隐含着指向其他超文本的链接，这种链接称为超链接。利用超文本，用户能轻松地从一个网页链接到其他相关内容的网页，而不必关心这些网页分散在何处的主机中。

WWW 浏览器是一种客户端程序，主要功能是使用户获取 Internet 上的各种资源。目前最流行的浏览器软件主要是 Microsoft Internet Explorer。随着 WWW 浏览器技术的发展，WWW 浏览器开始支持一些新的特性，例如，通过支持 VRML(虚拟现实的 HTML 格式)，用户可以通过 WWW 浏览器看到许多动态的主页，如旋转的三维物体等，并且可以随意控制物体的运动，从而大大地提高用户的兴趣。目前绝大多数 WWW 浏览器都支持 Java 语言，可以通过一种小的应用程序 Applet 来扩充 WWW 浏览器的功能。更重要的是，现在流行的 WWW 浏览器基本上都支持多媒体特性，声音、动画以及视频都可以通过 WWW 浏览器来播放，使得 WWW 世界变得更加丰富多彩。

2) 搜索引擎

Internet 的信息资源浩如烟海，如果用户毫无根据地寻找所需要的信息，好比大海捞针。搜索引擎可以帮助用户迅速找到想要的信息。

搜索引擎按工作方式主要可分为 3 种，分别是全文搜索引擎、目录索引和元搜索引擎。

● 全文搜索引擎

全文搜索引擎是名副其实的搜索引擎，国外具有代表性的有 Google、Fast/AllTheWeb、Alta Vista、nkomo、Teoma、Wise Nut 等，国内著名的有百度(Baidu)。它们都在通过从 Internet 上提取各个网站的信息而建立的数据库中，检索与用户查询条件匹配的相关记录，然后按一定的排列顺序将结果返回给用户。

● 目录索引

目录索引虽然有搜索功能，但在严格意义上算不上是真正的搜索引擎，仅仅是按目录分类的网站链接列表而已。用户完全可以不用进行关键字查询，仅靠分类目录也能找到需要的信息。目录索引中最具代表性的是Yahoo(雅虎)。其他著名的还有Open Directory Project(DMOZ)、Look Smart、About等。国内的搜狐、新浪、网易搜索也都属于这一类。

- 元搜索引擎

元搜索引擎在接收用户的查询请求时,同时在其他多个引擎上进行搜索,并将结果返回给用户。著名的元搜索引擎有InfoSpace、Dogpile、Vivisimo等,中文元搜索引擎中具代表性的有搜星搜索引擎。在搜索结果排列方面,有的直接按来源引擎排列搜索结果,如Dogpile;有的则按自定义的规则将结果重新排列组合,如Vivisimo。

目前比较受欢迎的元搜索引擎是百度,网址是www.baidu.com。搜索引擎是在Internet上查找信息的必备工具。

3) 文件传输协议 FTP

文件传输协议 FTP(File Transfer Protocol)负责将文件从一台计算机传输到另一台计算机上,几乎所有类型的文件,包括文本文件、二进制可执行文件、声音文件、图像文件、数据压缩文件等,都可以用 FTP 传送,并且保证了传输的可靠性。如果用户要将文件从自己的计算机上发送到另一台计算机,称为 FTP 上传(Upload);如果用户想把服务器中大量的共享软件和免费资料传到客户机,称为 FTP 下载(Download)。

远端提供 FTP 服务的计算机称为 FTP 服务器,通常是互联网信息服务提供者的计算机,包含了许多允许人们存取的文件。用户自己的计算机称为客户机。FTP 客户程序必须与远程的 FTP 服务器建立连接并登录后,才能进行文件传输。通常,用户必须在 FTP 服务器上进行注册,建立合法的用户账户,拥有合法的登录用户名和密码后,才有可能进行有效的 FTP 连接和登录。

FTP 实际上是一套文件传输服务软件,以文件传输为界面,使用简单的 get 或 put 命令进行文件的下载或上传,如同在 Internet 上执行文件复制命令一样。大多数 FTP 服务器主机都采用 UNIX 操作系统,但普通用户通过 Windows 7 或 Windows 10 也能方便地使用 FTP。

用户连接 FTP 服务器时,要经过登录的过程,即输入账号和密码。为了方便用户,目前大多数提供公共资源的 FTP 服务器都提供了一种称为匿名 FTP 的服务。互联网用户可以随时访问这些服务器而不需要事先申请用户账户,用户可以使用 anonymous 作为用户名,使用 guest 或用户的电子邮件地址作为口令,即可进入服务器。如果用户使用 anonymous 或 guest 两个账号都无法进入 FTP 服务器,则表示主机不提供匿名 FTP 服务,此时必须输入事先申请的用户账号和密码,才可以进入服务器。匿名服务器的标准目录为 pub,用户通常可以访问 pub 目录下所有子目录中的文件。为了保证 FTP 服务器的安全性,几乎所有的 FTP 匿名服务只允许用户浏览和下载文件,而不允许用户上传文件或修改服务器上的文件。

4) 远程登录(Telnet)

远程登录是 Internet 最主要的应用之一,也是最早的 Internet 应用。Telnet 允许 Internet 用户从本地计算机登录到远程服务器上,一旦建立连接并成功登录,用户就会使自己的计算机暂时成为远程计算机的仿真终端。用户可以向其输入数据、运行软件,就像使用自己的计算机一样使用远程系统。

远程登录允许任意类型的计算机之间进行通信。远程登录之所以能提供这种功能,主要是因为所有的运行操作都是在远程计算机上完成的,用户的计算机仅仅作为一台仿真终端向远程计算机传送击键信息和显示结果。Internet 的远程登录服务的主要作用如下:

- 允许用户与在远程计算机上运行的程序进行交互。

- 当用户登录到远程计算机时，可以执行远程计算机上的任何应用程序，并且能屏蔽不同型号计算机之间的差异。
- 用户可以利用个人计算机去完成许多只有大型计算机才能完成的任务。

如果用户希望使用远程登录服务，则用户的本地计算机和远程计算机都必须支持 Telnet。同时，用户在远程计算机上应该有自己的用户账户，包括用户名与密码。且远程计算机提供公开的用户账户，供没有账户的用户使用。

用户在使用 Telnet 命令进行远程登录时，首先应在 Telnet 命令中给出对方计算机的主机名或 IP 地址，然后根据对方系统的询问，正确输入自己的用户名与密码。有时还需要根据对方的要求回答自己所使用的仿真终端的类型。

Internet 有很多信息服务机构提供开放式的远程登录服务，登录到这样的计算机时，不需要事先设置用户账户，使用公开的用户名就可以进入系统。这样，用户就可以使用 Telnet 命令，使自己的计算机暂时成为远程计算机的仿真终端。一旦用户成功实现了远程登录，用户就可以像远程主机的本地终端一样进行工作，并且可以使用远程主机对外开放的全部资源，如硬件、程序、操作系统、应用软件及信息资源。

5) 电子邮件

(1) 电子邮件概述。电子邮件(E-mail)是一种应用计算机网络进行信息传递的现代化通信手段，是 Internet 提供的一项基本服务，也是使用最广泛的 Internet 工具。

Internet 上的电子邮件系统的工作过程遵循客户机/服务器模式，分为邮件服务器与邮件客户端两部分。

邮件服务器分为接收邮件服务器和发送邮件服务器两类。接收邮件服务器中包含了众多用户的电子信箱。电子信箱实质上是邮件服务提供机构在服务器的硬盘上为用户开辟的专用存储空间。用户通过邮件客户端访问邮件服务器中的电子信箱和其中的邮件，邮件服务器根据邮件客户端的请求对信箱中的邮件进行处理。

当发件方发出一份电子邮件时，邮件由发送邮件服务器发送，依照邮件地址送到收信人的接收邮件服务器中对应收件人的电子信箱。发送邮件服务器的工作性质如同邮局，负责把收到的各种目的地的信件分拣后再传送到下一个邮局，最终传送到电子邮件的收件服务器。发送邮件服务器遵循简单邮件传输协议(Simple Mail Transfer Protocol，SMTP)，所以发送邮件服务器又被称为 SMTP 服务器。

接收邮件服务器用于暂时寄存对方发来的邮件。当收件人将自己的计算机连接到接收邮件服务器并发出接收指令后，客户端通过邮局协议(Post Office Protocol Version 3，POP3)或交互式邮件存取协议(Interactive Mail Access Protocol，IMAP)读取电子信箱内的邮件。当电子邮件应用程序访问 IMAP 服务器时，用户可以决定是否在 IMAP 服务器中保留邮件副本。而访问 POP3 服务器时，邮箱中的邮件被复制到用户的计算机中，不再保留邮件的副本。目前，多数接收邮件服务器是 POP3 服务器。

(2) 电子邮件地址。在 Internet 上，每一个电子邮件用户拥有的电子邮件地址称为 E-mail 地址，具有如下所示的统一格式：

用户名@电子邮件服务器名

其中，用户名就是用户在向电子邮件服务机构注册时获得的用户码，@符号后面是存放邮件的计算机主机域名。

#### 6) 网络新闻 Usenet

电子邮件是最早使用的电子通信形式之一,但是在特定主题下,利用电子邮件,许多人共同讨论就会变得笨拙。为改变这种情况,20 世纪 80 年代初期,Internet 中诞生了被称作 Usenet 的网络新闻。

Usenet 中的不同讨论被称为新闻组(News Group),发送到新闻组的消息被称为文章(Article)。Usenet 新闻组被划分为许多不同的分支题目领域,每个题目领域在许多不同的讲座组。这些新闻组中有许多讨论学术研究的主题,如科学技术、文学、医学等方面的主题内容。

## 7.3 计算机网络的分类

对计算机网络进行分类的标准很多,例如,按地理范围分类、按传输速率分类、按传输介质分类、按拓扑结构分类等。下面简单介绍几种分类。

### 1. 按地理范围分类

计算机网络常见的分类依据是网络覆盖的地理范围,按照这种分类方法,可将计算机网络分为局域网、广域网和城域网三类。

(1) 局域网(Local Area Network)简称 LAN,它是连接近距离计算机的网络,覆盖范围从几米到数公里。例如办公室或实验室的网络、同一建筑物内的网络及校园网等。局域网的组建简单、灵活,使用方便。

(2) 广域网(Wide Area Network)简称 WAN,其覆盖的地理范围从几十公里到几千公里,覆盖一个国家、地区或横跨几大洲,形成国际性的远程网络。例如我国的公用数字数据网(China DDN)、电话交换网(PSDN)等。

(3) 城域网(Metropolitan Area Network)简称 MAN,它是介于广域网和局域网之间的一种高速网络,覆盖范围为几十公里,大约是一座城市的规模。

在网络技术不断更新的今天,用网络互联设备将各种类型的广域网、城域网和局域网互联起来,形成了称为互联网的网中网。互联网的出现,使计算机网络从局部到全国,进而将全世界连成一片。

Internet 中文名为互联网、国际互联网,是世界上发展速度最快、应用最广泛和最大的公共计算机信息网络系统,它提供了数万种服务,被世界各国计算机信息界称为未来信息高速公路的雏形。

### 2. 按传输速率分类

网络的传输速率有快有慢,传输速率快的称高速网,传输速率慢的称低速网。传输速率的单位是 b/s(每秒比特数)。一般将传输速率在 kb/s～Mb/s 范围的网络称为低速网,在 Mb/s～Gb/s 范围的网络称为高速网。也可以将 kb/s 网络称为低速网,将 Mb/s 网络称为中速网,将 Gb/s 网络称为高速网。

网络的传输速率与网络的带宽有直接关系。带宽是指传输信道的宽度,带宽的单位是 Hz(赫兹)。按照传输信道的宽度可分为窄带网和宽带网。一般将 kHz～MHz 带宽的网络称为窄带网,将 MHz～GHz 的网络称为宽带网。也可以将 kHz 带宽的网络称为窄带网,将 MHz 带宽的网络称为中带网,将 GHz 带宽的网络称为宽带网。通常情况下,高速网就是宽带网,低速网就是窄带网。

### 3. 按传输介质分类

传输介质是指数据传输系统中发送装置和接收装置间的物理媒体,按物理形态可以划分为有线网和无线网两大类。

(1) 有线网。传输介质采用有线介质连接的网络称为有线网,常用的有线传输介质有双绞线、同轴电缆和光导纤维。

双绞线是由两根绝缘金属线互相缠绕而成的,这样的一对线作为一条通信线路,由四对双绞线构成双绞线电缆。双绞线点到点的通信距离一般不能超过 100 米。目前,计算机网络上使用的双绞线按传输速率分为三类线、五类线、六类线、七类线,传输速率在 10Mb/s 到 600Mb/s 之间,双绞线电缆的连接器一般为 RJ45。

同轴电缆由内、外两个导体组成,内导体可以由单股或多股线组成,外导体一般由金属编织网组成。内、外导体之间有绝缘材料,阻抗为 50Ω。同轴电缆分为粗缆和细缆,粗缆用 DB-15 连接器,细缆用 BNC 和 T 连接器。

光缆由两层折射率不同的材料组成。内层由具有高折射率的玻璃单根纤维体组成,外层包一层折射率较低的材料。光缆的传输形式分为单模传输和多模传输,单模传输性能优于多模传输。所以,光缆分为单模光缆和多模光缆,单模光缆传送距离为几十千米,多模光缆为几千米。光缆的传输速率可达到每秒几百兆位。光缆用 ST 或 SC 连接器。光缆的优点是不会受到电磁的干扰,传输的距离也比电缆远,传输速率高。光缆的安装和维护比较困难,需要专用的设备。

(2) 无线网。采用无线介质连接的网络称为无线网。目前无线网主要采用 3 种技术:微波通信、红外线通信和激光通信。这 3 种技术都是以大气为介质的。其中微波通信用途最广,目前的卫星网就是一种特殊形式的微波通信,它利用地球同步卫星作为中继站来转发微波信号,一颗同步卫星可以覆盖地球三分之一以上的表面,3 颗同步卫星就可以覆盖地球上全部的通信区域。

### 4. 按拓扑结构分类

把网络单元定义为节点,两个节点间的连线称为链路,计算机网络则是由一组节点和链路组成。网络节点和链路的几何位置就是网络的拓扑结构。网络的拓扑结构有多种,常见的有星型、总线型、环型和网状型。

#### 1) 星型拓扑结构

星型拓扑结构的局域网系统中存在着中心节点,每个节点通过点到点的链路与中心节点进行连接,任何两个节点之间的通信都要通过中心节点转换。星型拓扑结构的主要特点是集中式控制,正是这一特点,使星型拓扑结构具有易于维护和安全的优点。终端用户设备因为故障而停机时不会影响其他终端用户间的通信,但这种结构的缺点是中心系统必须具有极高的可靠性,因为中心系统一旦损坏，整个系统便趋于瘫痪。为此，中心系统通常采用双机热备份，以提高系统的可靠性。目前中心节点一般采用交换机或集线器。

#### 2) 总线型拓扑结构

总线型拓扑结构是局域网中常用的一种结构，在这种结构中，所有的用户设备都连接在一条公共传输的主干电缆——总线上，信息的传输通常以"共享介质"方式进行。公共总线一般由同轴电缆构成。采用总线型拓扑结构的局域网具有结构简单、布线容易、扩展方便、价格低廉和可靠性高等优点，但对总线的依赖性大，故障诊断困难。由于是共享介质，在网络节点少时系统效率高，但随着节点的增多，系统的效率会急剧下降。

#### 3) 环型拓扑结构

从物理角度看，将总线型拓扑结构的总线两端连接在一起，就成了环型结构的局域网。这种结构的主要特点是信息在通信链路上是单向传输的。信息报文从一个工作站发出后，在环上按一定方向一个节点接一个节点沿环路运行。当环上某一节点有故障时，整个网络都会受到影响。为克服这一缺陷，有些环型局域网采用双环结构。环型结构常用光纤作为传输介质。

#### 4) 网状型拓扑结构

网状型拓扑结构的控制功能分散在网络的各个节点上，网络上的每个节点都有几条路径与网络相连。即使一条线路出故障，通过迂回线路，网络仍能正常工作，但是必须进行路由选择。这种结构可靠性高，但网络控制和路由选择比较复杂，一般用在广域网上。

### 5. 按网络的使用范围进行分类

(1) 公用网：一般是国家的电信部门建造的网络。"公用"的意思就是所有愿意按电信部门规定缴纳费用的人都可以使用。因此，公用网也可以称为公众网。

(2) 专用网：专用网是某个部门为满足本系统的特殊业务工作的需要而建造的网络。这种网络一般不向系统以外的人提供服务。例如，军队、铁路和电力等系统均有各自系统的专用网。

## 7.4 计算机网络的硬件组成

计算机网络的硬件组成包括主体设备、连接设备和传输介质3大部分。

### 1. 网络的主体设备

计算机网络中的主体设备称为主机(Host)，一般可分为中心站(又称为服务器)和工作站(客户机)两类。

服务器是为网络提供共享资源的基本设备，在其上运行网络操作系统，是网络控制的核心。应选择较高档次的机型，对工作速度、硬盘容量及内存容量等指标要求较高，携带的外部设备多且高级。

按功能分服务器又有多种：文件服务器、域名服务器、打印服务器、通信服务器和数据库服务器等。其中，文件服务器是最为重要的服务器。在局域网中，文件服务器掌握着整个网络的命脉，一旦文件服务器发生故障，整个网络就会瘫痪。因此，文件服务器的档次要求较高。对于提供综合服务业务的 ISDN 网，服务器要选择指标要求更高的多媒体计算机。

工作站是网络用户入网操作的节点，可以有自己的操作系统。用户既可以通过运行工作站上的网络软件共享网络上的公共资源，也可以不进入网络，单独工作。在工作站上工作的客户机的一般配置要求不是很高，大多采用个人微机及携带相应的外部设备，如打印机、扫描仪、鼠标等。

如果是用于工业控制的网络，则中心站主机和远程工作站主机都必须采用工业控制机(简称工控机)。工控机的各项技术指标、工作环境等远不同于普通网络中的主机情况，它们造价高，具有抗电磁干扰性强、电磁兼容性好、工作温域宽、能适应恶劣工作环境等特点。

### 2. 网络的连接设备

(1) 网络适配器，如图 7-3 所示。网络适配器又称为网络接口卡(Network Interface Card, NIC)，简称网卡，是计算机网络中最重要的连接设备之一。

图 7-3　网络适配器

- 网卡的作用

① 提供固定的网络地址。

② 接收网线传来的数据，并把数据转换为本机可识别和处理的格式，通过计算机总线传输给本机。

③ 把本机要向网上传输的数据按照一定的格式转换为网络设备可处理的数据形式，通过网线传送到网上。

- 网卡的分类

① 按网卡的总线类型分：目前的总线接口主要是 PCI 型的，在笔记本电脑上需要使用 PCMCIA 标准的网卡，作为一种新型的总线技术，USB 接口也被应用到网卡中。

② 按网卡的速度分：有 10Mbps、100Mbps 及 1000Mbps 的，目前 10/100Mbps 自适应网卡使用广泛，性价比最高。

③ 按网卡的接口类型分：网卡的接口类型有连接同轴电缆的 BNC 接口和连接双绞线的 RJ45 接口。目前 RJ45 接口的网卡使用广泛。

网卡通常插入主机的主板扩展槽，应当断电操作。在安装网卡后，往往还要进行协议的配置。比如运行 Windows 系统的计算机，可给网卡配置 IPX/SPX 协议和 NetBEUI 协议。如果要连接 Internet，必须配置 TCP/IP 协议。

(2) 集线器。集线器是计算机网络中连接多台计算机或其他设备的连接设备,如图 7-4 所示。集线器主要提供信号放大和中转的功能。

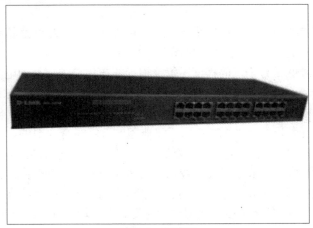

图 7-4　集线器

(3) 中继器。中继器的作用是放大电信号,提供电流以驱动长距离电缆,增加信号的有效传输距离。从本质上看可以认为是放大器,承担信号的放大和传送任务。

(4) 网桥。网桥是网络中的一种重要设备,它通过连接相互独立的网段从而扩大网络的最大传输距离。网桥是一种工作在数据链路层的存储-转发设备。

(5) 路由器。路由器属于网间连接设备,它能够把数据包按照一条最优的路径发送至目的网络。

(6) 交换机。交换机发展迅猛,基本取代了集线器和网桥,并增强了路由选择功能。交换和路由的主要区别在于交换发生在 OSI 参考模型的数据链路层,而路由发生在网络层。交换机的主要功能包括物理编址、错误校验、帧序列以及流控制等。目前有些交换机还具有对虚拟局域网(VLAN)的支持、对链路汇聚的支持,有的甚至具有防火墙功能。交换机的外观与集线器相似。

(7) 网关。网关又称协议转换器,是软件和硬件的结合产品,主要用于连接不同结构体系的网络或用于局域网与主机之间的连接。网关工作在 OSI 模型的传输层或更高层,在所有网络互联设备中最为复杂,可用软件实现。网关没有通用产品,必须是具体的某两种网络互联的网关。

(8) 调制解调器(Modem)。调制解调器作为末端系统和通信系统之间信号转换的设备,是广域网中必不可少的设备之一。Modem 分为同步的和异步的两种,分别用来与路由器的同步和异步串口相连接,同步的可用于专线、帧中继、X.25 等,异步的可用于 PSTN 的连接。Modem 能把计算机的数字信号翻译成可沿普通电话线传送的脉冲信号,而这些脉冲信号又可被线路另一端的另一个 Modem 接收,并译成计算机的数字信号。

3. 网络的传输介质

传输介质是网络中连接收发双方的物理通路,也是通信中实际传送信息的载体,常用的传输介质分为有线传输介质和无线传输介质两大类。

(1) 有线传输介质。有线传输介质是指在两台通信设备之间实现的物理连接部分，能将信号从一方传输到另一方，有线传输介质主要有双绞线、同轴电缆和光纤。在其中传输的是光波或电磁波信号。

a. 双绞线，如图 7-5 所示。双绞线采用一对互相绝缘的金属导线互相绞合的方式来抵御一部分外界电磁波干扰，更主要的是降低自身信号的对外干扰。把两根绝缘的铜导线按一定密度互相绞在一起，可以降低信号干扰的程度，每一根导线在传输中辐射的电波会被另一根线上发出的电波抵消。

双绞线一般由两根 22～26 号绝缘铜导线相互缠绕而成，实际使用时，双绞线是由多对双绞线一起包在绝缘电缆套管里的，如图 7-5 所示。典型的双绞线有 4 对的，也有更多对双绞线放在绝缘电缆套管里的，这些我们称之为双绞线电缆。在双绞线电缆(也称双扭线电缆)内，不同线对具有不同的扭绞长度，一般来说，扭绞长度在 388.1mm 至 14cm 内，按逆时针方向扭绞。相邻线对的扭绞长度在 12.7mm 以上，一般扭线越密，抗干扰能力就越强。与其他传输介质相比，双绞线在传输距离、信道宽度和数据传输速度等方面均受到一定限制，但价格较为低廉。

图 7-5 双绞线

双绞线型号如下：

一类线。主要用于语音传输(一类标准主要用于 20 世纪 80 年代初之前的电话线缆)，不用于数据传输。

二类线。传输频率为 1MHz，用于语音传输和最高传输速率为 4Mb/s 的数据传输，常见于使用 4Mb/s 规范令牌传递协议的旧的令牌网。

三类线。指目前在 ANSI 和 EIA/TIA568 标准中指定的电缆，这种电缆的传输频率为 16MHz，用于语音传输及最高传输速率为 10Mb/s 的数据传输，主要用于 10BASE-T。

四类线。该类电缆的传输频率为 20MHz，用于语音传输和最高传输速率为 16Mb/s 的数据传输，主要用于基于令牌的局域网和 10BASE-T/100BASE-T。

五类线。该类电缆增加了绕线密度，外套一种高质量的绝缘材料，传输频率为 100MHz，用于语音传输和最高传输速率为 1000Mb/s 的数据传输，主要用于 100BASE-T 和 1000BASE-T 网络。这是最常用的以太网电缆。

超五类线。超五类线衰减小，串扰少，并且具有更高的衰减与串扰的比值(ACR)和信噪比(Structural Return Loss)，还拥有更小的时延误差，性能得到很大提高。超五类线主要用于千兆位以太网(1000Mb/s)。

六类线。该类电缆的传输频率为 1～250MHz，六类布线系统在 200MHz 时综合衰减串扰比(PS-ACR)应该有较大的余量，能提供两倍于超五类的带宽。六类线的传输性能远远高于超五类标准，最适用于传输速率高于1Gb/s的网络应用。六类与超五类的重要不同点在于：改善了在串扰以及回波损耗方面的性能，对于新一代全双工的高速网络应用而言，优良的回波损耗性能是非常重要的。六类标准中取消了基本链路模型，布线标准采用星型拓扑结构，要求的布线距离为：永久链路的长度不能超过90米，信道长度不能超过100米。

通常，计算机网络使用的是三类线和五类线，其中10BASE-T使用的是三类线，100BASE-T使用的是五类线。

b. 同轴电缆，如图7-6所示。同轴电缆以硬铜线为芯，外包一层绝缘材料。这层绝缘材料用密织的网状导体环绕，网外又覆盖一层保护性材料。同轴电缆的这种结构，使它具有高带宽和极好的噪声抑制特性。同轴电缆的带宽取决于电缆长度。1km的电缆可以达到1～2Gb/s的数据传输速率，还可以使用更长的电缆，但是传输速率会降低或使用中间放大器。目前，同轴电缆大量被光纤取代，但仍广泛应用于有线和无线电视以及某些局域网中。

图7-6　同轴电缆

c. 光纤，如图7-7所示。光纤是光导纤维的简写，是一种利用光在玻璃或塑料制成的纤维中的全反射原理而制成的光传导工具。光纤裸纤一般分为3层：中心为高折射率玻璃芯(芯径一般为50μm或62.5μm)，中间为低折射率硅玻璃包层(直径一般为125μm)，最外是加强用的树脂涂层。

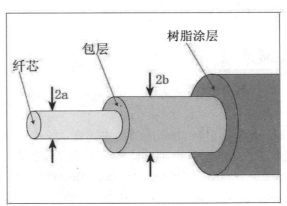

图7-7　光纤

按光在光纤中的传输模式可分为单模光纤和多模光纤。

单模光纤。中心玻璃芯较细(芯径一般为 9μm 或 10μm)，只能传输一种模式的光。因此，模间色散很小，适用于远程通信，但色度、色散起主要作用，这样单模光纤对光源的谱宽和稳定性有较高的要求，谱宽要窄，稳定性要好。

多模光纤。中心玻璃芯较粗(50μm 或 62.5μm)，可传输多种模式的光，但模间色散较大，这就限制了所传输数字信号的频率，而且随距离的增加会更加严重。例如，600Mb/km 的光纤在 2 千米时只有 300Mb/s 的带宽。因此，多模光纤传输的距离比较近，一般只有几千米。

(2) 无线传输介质。无线传输介质技术是指在两台通信设备之间不使用任何人为的物理连接，而是利用自然的空气、水、玻璃等透明的物体(甚至只有空间)而传输的一种技术。无线传输介质是指空气、水、玻璃等透明的物体，甚至是不需要任何介质的空间，就可以传输微波、红外线和激光等光波或电磁波信号。

a. 微波通信。微波通信就是利用地面微波进行通信。由于微波在空间中是直线传播的，而地球表面是曲面，因此传播距离受到限制，一般只有 50 千米左右。为实现远距离通信，需要建立微波中继站进行接力通信，微波线路的成本比同轴电缆和光缆低，但误码率比同轴电缆和光缆高，安全性不高，只要拥有合适的无线接收设备的人就可窃取别人的通信数据。此外，大气对微波信号的吸收与散射影响较大。

b. 卫星通信。卫星通信就是利用地球同步卫星作为微波中继站，实现远距离通信。当地球同步卫星位于 36000 千米高空时，其发射角可以覆盖地球上 1/3 的区域。只要在地球赤道上空的同步轨道上等距离地放置 3 颗间隔 120°的卫星，就能实现全球的通信。

c. 无线电波和红外通信。随着掌上电脑和笔记本电脑的迅速发展，对可移动的无线数字网的需求日益增加。无线数字网类似于蜂窝电话网，人们可随时将计算机接入网络，组成无线局域网。无线局域网的结构分为点到点和主从式两种标准。点到点结构用于连接便携式计算机和PC，主从式结构中的所有工作站都直接与中心天线或访问节点连接。

无线局域网通常采用无线电波和红外线作为传输介质。采用无线电波的通信，速率可达 10Mb/s，传输范围为 50 千米。红外通信使用波长小于 1μm 的红外线传送数据，有较强的方向性，受太阳光的干扰大。现在，许多笔记本电脑和手持设备都配备有红外收发器端口，可以进行红外异步串行数据传输，速度为 115.2kb/s～2Mb/s。另外，可以使用具有红外功能的移动电话建立与 Internet 的拨号连接等。

## 7.5 IP 地址与域名系统

### 1. IP 地址

所谓的 IP 地址，就是给每个连接到 Internet 的主机分配的一个 32 位地址，按照 TCP/IP 协议规定，IP 地址用二进制来表示，每个 IP 地址长 32 位，换算成字节，就是 4 字节。例如一个采用二进制形式的 IP 地址是 00001010000000000000000000000001，这么长的地址，人们处理起来太费劲。为了方便人们使用，IP 地址经常被写成十进制的形式，中间使用符号.分开不同的字节。于是，上面的 IP 地址可以表示为 10.0.0.1。IP 地址的这种表示法叫作点分十进制表示法。

### 1) IP 地址的分类

最初设计互联网时，为了便于寻址以及层次化构造网络，每个 IP 地址包括两个标识码(ID)——网络 ID 和主机 ID。同一个物理网络中的所有主机都使用同一个网络 ID，网络中的主机(包括工作站、服务器和路由器等)有主机 ID 与之对应。Internet 委员会定义了 5 种 IP 地址以适合不同容量的网络——A 类~E 类。

(1) 32 位 IP 地址空间的划分

其中 A 类、B 类、C 类(见表 7-1)由 Internet NIC 在全球范围内统一分配,D 类和 E 类为特殊地址。

(2) A 类 IP 地址

A 类 IP 地址是指,在 IP 地址的四段号码中,第一段号码为网络号码,剩下的三段号码为本地计算机的号码。如果用二进制表示 IP 地址的话,A 类 IP 地址就由 1 字节的网络地址和 3 字节的主机地址组成,网络地址的最高位必须是 0。A 类 IP 地址中网络的标识长度为 7 位,主机标识的长度为 24 位,A 类网络地址数量较少,可以用于主机数目达 1600 多万的大型网络。

A 类 IP 地址的范围为 1.0.0.1~126.255.255.254(二进制表示为 00000001 00000000 00000000 00000001~0111110 11111111 11111111 11111110)。

表 7-1  IP 地址空间的划分

| 网络类别 | 最大网络数 | 第一个可用的网络号 | 最后一个可用的网络号 | 每个网络中的最大主机数 |
|---|---|---|---|---|
| A 类 | 126 | 1 | 126 | 16777214 |
| B 类 | 16382 | 128.1 | 191.254 | 65534 |
| C 类 | 2097150 | 192.0.1 | 223.228.254 | 254 |

(3) B 类 IP 地址

B 类 IP 地址是指,在 IP 地址的四段号码中,前两段号码为网络号码,如果用二进制表示 IP 地址的话,B 类 IP 地址就由 2 字节的网络地址和 2 字节的主机地址组成,网络地址的最高位必须是 10。B 类 IP 地址中网络的标识长度为 14 位,主机标识的长度为 16 位,B 类网络地址适用于中等规模的网络,每个网络所能容纳的计算机数目为 6 万多。

B 类 IP 地址的范围为 128.1.0.1~191.254.255.254(二进制表示为 10000000 00000001 00000000 00000001~10111111 11111110 11111111 11111110)。

(4) C 类 IP 地址

C 类 IP 地址是指,在 IP 地址的四段号码中,前三段号码为网络号码,剩下的一段号码为本地计算机的号码。如果用二进制表示 IP 地址的话,C 类 IP 地址就由 3 字节的网络地址和 1 字节的主机地址组成,网络地址的最高位必须是 110。C 类 IP 地址中网络的标识长度为 21 位,主机标识的长度为 7 位,C 类网络地址数量较多,适用于小规模的局域网,每个网络最多只能包含 254 台计算机。

C 类 IP 地址的范围为 192.0.1.1~223.255.254.254(二进制表示为 11000000 00000000 00000001 00000001~11011111 11111111 11111110 11111110)。

在 A 类、B 类、C 类 IP 地址中,按表 7-2 所示的范围保留部分地址,保留的 IP 地址段不能在 Internet 上使用,而只能用在各个局域网内。

为了让使用这些保留地址的计算机接入 Internet,只需要在连接 Internet 的路由器上设计网络地址转换,就会自动将内部地址转换为合法的外部 IP 地址。

在实际应用中,为解决地址数量不够和通信速度问题,可以将一个网络分割成几个子网络,采用子网寻址技术,将主机地址部分划出一些二进制位,用作本网络的子网络,剩余的部分用作相应子网络内主机地址的标识，这样 IP 地址就变形为网络地址+子网地址+主机地址。为识别子网，需要使用子网掩码。

表 7-2  网络 IP 地址段

| 网络类别 | IP 地址范围 | 网络数 |
| --- | --- | --- |
| A 类 | 10.0.0.0～10.255.255.255 | 1 |
| B 类 | 172.16.0.0～172.31.255.255 | 16 |
| C 类 | 192.168.0.0～192.168.255.255 | 256 |

2) 子网掩码

子网掩码是 32 位地址，是与 IP 地址结合使用的一种技术。它的主要作用有两个，一是用于屏蔽 IP 地址的一部分以区别网络标识和主机标识，并说明 IP 地址是在局域网上还是远程网上；二是用于将一个大的 IP 网络划分为若干小的子网络。

通过对 IP 地址的二进制与子网掩码的二进制进行运算，可确定某台设备的网络地址和主机号，也就是说，通过子网掩码分辨网络的网络部分和主机部分。子网掩码一旦设置，网络地址和主机地址就固定了。子网最显著的特征就是具有子网掩码。与 IP 地址相同，子网掩码的长度也是 32 位，也可以使用十进制的形式。例如，中国教育科研网的地址 202.112.0.36，属于 C 类，网络地址共 3 字节，默认的子网掩码是 255.255.255.0。显然，A 类地址默认的子网掩码应是 255.0.0.0，B 类地址默认的子网掩码是 255.255.0.0。

如果网络由几个子网组成，子网掩码将与子网的划分有关。假设 C 类网络 192.168.5 含两个子网，每个子网的主机数在 60 以内。将主机地址部分再划出 2 位，用作本网络的子网络，剩余的 6 位用作相应子网络内主机地址的标识(此时，每个子网可为 $2^6$=64 台主机分配地址)，这样网络地址就变形为网络地址+子网地址，对应的子网掩码为 11111111  11111111  11111111  11000000，点分十进制形式是 255.255.255.192。

2. IPv4 和 IPv6

现有的互联网是在 IPv4 协议的基础上运行的。IPv6 是下一版本的互联网协议，也可以说是下一代互联网的协议。随着互联网的迅速发展，IPv4 定义的有限地址空间将被耗尽，而地址空间的不足必将妨碍互联网的进一步发展。为了扩大地址空间，拟通过 IPv6 重新定义地址空间。IPv4 采用 32 位地址长度，只有大约 43 亿个地址，而 IPv6 采用 128 位地址长度，几乎可以不受限制地提供地址。按保守方法估算 IPv6 实际可分配的地址，整个地球的每平方米面积上仍可分配 1000 多个地址。在 IPv6 的设计过程中除解决了地址短缺问题以外，还考虑了在 IPv4 中解决不了的其他一些问题，主要有端到端 IP 连接、服务质量(QoS)、安全性、多播、移动性、即插即用等。

与 IPv4 相比，IPv6 主要有如下一些优势。第一，明显扩大了地址空间。IPv6 采用 128 位地址长度，几乎可以不受限制地提供 IP 地址，从而确保端到端连接的可能性。第二，提高了网络的整体吞吐量。由于 IPv6 的数据包可以远远超过 64 字节，应用程序可以利用最大传输单元(MTU)，获得更快、更可靠的数据传输，同时在设计上改进了选路结构，采用简化的报头定长结构和更合理的分段方法，使路由器加快数据包处理速度，提高了转发效率，从而提高网络的整体吞吐量。第三，使得整个服务质量得到很大改善。报头中的业务级别和流标记通过路由器的配置可以实现优先级控制和 QoS 保障，从而极大改善了 IPv6 的服务质量。第四，安全性有了更好的保证。采用 IPSec 可以为上层协议和应用提供有效的端到端安全保证，能提高路由器级别的安全性。第五，支持即插即用和移动性。设备接入网络时通过自动配置可自动获取 IP 地址和必要的参数，实现即插即用，简化了网络管理，易于支持移动节点。IPv6 不仅从 IPv4 中借鉴了许多概念和术语，还定义了许多移动 IPv6 所需的新功能。第六，更好地实现了多播功能。在 IPv6 的多播功能中增加了"范围"和"标志"，限定了路由范围，可以区分永久性与临时性地址，更有利于多播功能的实现。

随着互联网的飞速发展和互联网用户对服务水平要求的不断提高，IPv6 在全球将会越来越受到重视。

3. 域名系统

IP 地址是全球通用地址，但对于一般用户来说，1P 地址太抽象，并且因为是用数字表示的，不易记忆。因此，为了向一般用户提供一种直观、明了且容易记忆的主机标识符，TCP/IP 专门设计了一种字符型的主机名机制，这就是 Internet 域名系统 DNS(Domain Name System)。主机名是比 IP 地址更高级的地址形式。域名系统要解决主机命名、主机域名管理、主机域名与 IP 地址映射等问题。

1) 域名的定义及结构

域名(Domain Name)是由一串用点分隔的名字组成的 Internet 上某台计算机或计算机组的名称，域名用于在数据传输时标识计算机的电子方位(有时也指地理位置)。

域名由两个或两个以上的词构成，中间用点号分隔开。通常 Internet 主机域名的一般结构为：主机名.三级域名.二级域名.顶级域名。

2) 域名解析的过程

字符型的主机域名比数字型的 IP 地址更容易记忆，但计算机之间不能直接使用域名进行通信，仍然需要 IP 地址来完成数据的传输。将主机域名映射为 IP 地址的过程叫作域名解析。

域名解析有两个方向：从主机域名到 IP 地址的正向解析，以及从 IP 地址到主机域名的反向解析。域名解析要借助域名服务器来完成，域名服务器就是提供 DNS 服务的计算机，用于将域名转换为 IP 地址。

当应用过程需要将主机域名映射为 IP 地址时，就调用域名解析函数，域名解析函数将待转换的域名放在 DNS 请求中，以 UDP 报文方式发给本地的域名服务器。本地的域名服务器查到域名后，将对应的 IP 地址放在应答报文中返回。同时域名服务器还必须具有连向其他服务器的信息以支持不能解析时的转发。若域名服务器不能回答请求，则域名服务器就暂时成为 DNS 中的另一个客户，向根域名服务器发出请求解析，根域名服务器一定能找到下面的所有二级域名的域名服务器，这样以此类推，一直向下解析，直到查询到请求的域名。

3) 顶级域名

为了保证域名系统的通用性，Internet 规定了一些正式的通用标准，分为区域名和类型名两类。区域名用两个字母表示世界各国或地区，表 7-3 列出了常用国家或地区域名的代码。类型名共有 7 个，见表 7-4。

表 7-3　常用的国家或地区域名的含义

| 域名 | 国家或地区 | 域名 | 国家或地区 | 域名 | 国家或地区 |
|---|---|---|---|---|---|
| at | 奥地利 | ca | 加拿大 | it | 意大利 |
| ar | 阿根廷 | de | 德国 | jp | 日本 |
| au | 澳大利亚 | fr | 法国 | nl | 荷兰 |
| br | 巴西 | gr | 希腊 | nz | 新西兰 |
| be | 比利时 | hk | 中国香港 | no | 挪威 |
| gb | 英国 | es | 西班牙 | vn | 越南 |
| sg | 新加坡 | cn | 中国 | in | 印度 |
| tw | 中国台湾 | mx | 墨西哥 | ru | 俄罗斯 |

表 7-4　常用的组织型域名的含义

| 域名 | 含义 |
|---|---|
| com | 商业机构 |
| gov | 政府机构 |
| edu | 教育部门 |
| net | 网络组织 |
| mil | 军事机构 |
| int | 国际机构 |
| org | 其他组织 |

　　按区域名登记产生的域名称为地理型域名，按类型名登记产生的域名称为组织机构型域名。在地理型域名中，除了美国的国家域名代码 us 可默认外，其他国家的主机若要按地理模式申请登记域名，则顶级域名必须先采用国家的域名代码后，再申请二级域名。按类型名登记域名的主机，地址通常源自于美国。例如 cernet.edu.cn 表示在中国登记的域名，而 163.com 表示域名是在美国登记注册的，但网络的物理位置在中国。

4) 中国互联网络的域名体系

　　中国互联网络的域名体系中顶级域名为 cn，二级域名共 40 个，分为类别域名和行政区域名两类。其中，类别域名共 7 个，见表 7-4。行政区域名 34 个，对应我国的各省、自治区和直辖市，采用两个字符的汉语拼音表示。例如，bj(北京市)、sh(上海市)、xz(西藏自治区)、hk(中国香港特别行政区)、gd(广东省)、ln(辽宁省)等。

5) IP 地址与域名的管理

　　为了确保 IP 地址与域名在 Internet 上的唯一性，IP 地址统一由各级网络信息中心(Network Information Center，NIC)分配。NIC 面向服务和用户(包括不可见的用户软件)，在管辖范围内设置各类服务器。

国际级的 NIC 中的 InterNIC 负责美国及其他地区的 IP 地址的分配，RIPENIC 负责欧洲地区的 IP 地址的分配，总部设在日本东京大学的 APNIC 负责亚太地区的 IP 地址的分配。

中国互联网络信息中心 CNNIC 负责中国境内的互联网络域名注册和 IP 地址分配，并协助政府实施对中国互联网络的管理，网站地址是 http://www.cnnic.net.cn。

单位在建立网络并预备接入 Internet 时，必须事先向 CNNIC 申请注册域名和 IP 地址。需要注意的是，单位在向 Internet 网络信息中心申请 IP 地址时，实际获得的是网络地址。具体的各个主机地址由单位自行分配，只要做到在单位管辖范围内无重复的主机地址即可。

## 7.6 接入 Internet

#### 1. ISP

Internet 服务提供商(Internet Service Provider，ISP)是众多企业和个人用户接入 Internet 的驿站和桥梁。当计算机连接 Internet 时，并不直接连接 Internet，而是采用某种方式与 ISP 提供的某台服务器连接起来，通过它接入 Internet。

由于经营业务的范围不同，ISP 有很多类型。其中，主干网 ISP 从事高速长距离回路的接入服务，通常采用大型高速路由器和转接器来提供服务。

目前，中国经营主干网的 ISP 只有 10 家，是我国的十大骨干网，它们拥有自己的国际信道和基本用户群。其他的 Internet 服务提供商属于二级 ISP，这些 ISP 基本上都是经 CHINANET 接入 Internet。按提供的增值业务，ISP 大致可分为两类，一类是以接入服务为主的接入服务提供商(Internet Access Provider，IAP)，另一类是以信息内容服务为主的内容服务提供商(Internet Content Provider，ICP)。随着 Internet 在我国的迅速发展，提供 Internet 服务的 ISP 也越来越多，在选择 ISP 时应该注意如下几点：

(1) ISP 可提供哪些接入方式供用户选择，例如 ISDN、ADSL、普通电话线拨号上网等，以及不同接入方式的收费标准和是否收取额外费用等。

(2) 各种接入方式的接通率(ISP 的中继线数量影响接通率)、数据传输带宽、ISP 接入主干网的带宽(用户除了要承担 ISP 的入网费用外，还得支付与 ISP 的通信费用，高速通信率可以节省用户的通信时间和通信费用)、拨号上网号码。

(3) ISP 能提供哪些服务，例如 Telnet、FTP、WWW、邮件服务等。

#### 2. 接入方式

目前可供选择的接入方式主要有 PSTN、ISDN、ADSL、HFC、光纤宽带、PON、DDN、无线接入、PLC 九种，它们各有优缺点。

##### 1) 电话线拨号接入(PSTN)

PSTN 是家庭用户接入互联网的普遍采用的窄带接入方式。通过电话线，利用当地运营商提供的接入号码，拨号接入互联网，速率不超过 56Kb/s。特点是使用方便，只需要有效的电话线及自带调制解调器(MODEM)的 PC 就可完成接入。

PSTN 适合一些低速率的网络应用(如网页浏览查询、聊天、E-mail 等)，主要适用于临时性接入或无其他宽带接入场所。缺点是速率低，无法实现一些高速率要求的网络服务，其次是费用较高(接入费用由电话通信费和网络使用费组成)。

2) ISDN

俗称"一线通"，采用数字传输和数字交换技术，将电话、传真、数据、图像等多种业务综合在统一的数字网络中进行传输和处理。用户利用一条 ISDN 用户线路，可以在上网的同时拨打电话、收发传真，就像两条电话线一样。ISDN 基本速率接口有两条 64kb/s 的信息通路和一条 16kb/s 的信令通路，简称 2B+D，当有电话拨入时，会自动释放 B 信道来进行电话接听。ISDN 主要适合普通家庭用户使用。缺点是速率仍然较低，无法实现一些高速率要求的网络服务；其次是费用同样较高(接入费用由电话通信费和网络使用费组成)。

3) ADSL

在通过本地环路提供数字服务的技术中，最有效的类型之一是数字用户线(Digital Subscriber Line，DSL)技术，这是运用最广泛的铜线接入方式。ADSL 可直接利用现有的电话线路，通过 ADSL Modem 后进行数字信息传输。理论速率可达到 8Mb/s 的下行速率和 1Mb/s 的上行速率，传输距离可达 4～5 千米。ADSL2+可达 24Mb/s 的下行速率和 1Mb/s 的上行速率。另外，最新的 ADSL2 技术可以达到上下行各 100Mb/s 的速率。特点是速率稳定、带宽独享、语音数据不干扰等。ADSL 能满足家庭、个人等用户的大多数网络应用需求，适合一些宽带业务，包括 IPTV、视频点播(VOD)、远程教学、可视电话、多媒体检索、LAN 互联、Internet 接入等。

ADSL 技术具有以下一些主要特点：可以充分利用现有的电话线网络，通过在线路两端加装 ADSL 设备便可为用户提供宽带服务；可以与普通电话线共存于一条电话线上，接听、拨打电话的同时能进行 ADSL 传输，而又互不影响；进行数据传输时不通过电话交换机，这样上网时就不需要缴付额外的电话费，可节省费用；ADSL 的数据传输速率可根据线路的情况进行自动调整，以"尽力而为"的方式进行数据传输。

4) HFC(Cable Modem)

这是一种基于有线电视网络的接入方式，具有专线上网的连接特点，允许用户通过有线电视网实现高速接入互联网，适用于拥有有线电视网的家庭、个人或中小团体。特点是速率较高，接入方式方便(通过有线电缆传输数据，不需要布线)，可实现各类视频服务、高速下载等。缺点在于基于有线电视网络的架构是属于网络资源分享型的，当用户激增时，速率就会下降且不稳定，扩展性不够。

5) 光纤宽带

通过光纤接入小区节点或楼道，再由网线连接到各个共享点(一般不超过 100 米)，提供一定区域的高速互联接入。特点是速率高、抗干扰能力强，适用于家庭、个人或各类企事业团体，可以实现各类高速率的互联网应用(视频服务、高速数据传输、远程交互等)，缺点是一次性布线成本较高。

6) 无源光网络(PON)

PON(无源光网络)技术是一种点对多点的光纤传输和接入技术，局端到用户端的最大距离为 20 千米，接入系统的总传输容量为上行和下行各 155Mb/s、622Mb/s 或 1Gb/s，由各用户共享，每个用户使用的带宽可以 64kb/s 进行划分。特点是接入速率高，可以实现各类高速率的互联网应用(视频服务、高速数据传输、远程交互等)，缺点是一次性投入较大。

7) DDN 专线接入

DDN 是英文 Digital Data Network 的缩写，这是随着数据通信业务的发展而迅速发展起来的一种新型网络。DDN 的主干网传输媒介有光纤、数字微波、卫星信道等，用户端多使用普通电缆和双绞线。DDN 将数字通信技术、计算机技术、光纤通信技术以及数字交叉连接技术有机地结合在一起，提供了高速度、高质量的通信环境，可以向用户提供点对点、点对多点透明传输的数据专线出租电路，为用户传输数据、图像、声音等信息。DDN 的通信速率可根据用户需要在 N×64kb/s(N=1～32)之间进行选择，当然速度越快租用费用也越高。

8) 无线接入

无线网络是采用无线通信技术实现的网络。无线网络既包括允许用户建立远距离无线连接的全球语音和数据网络，也包括为近距离无线连接进行优化的红外线技术及射频技术，与有线网络的用途十分类似，最大的不同在于传输介质不同，利用无线技术取代网线，可以和有线网络互为备份。

主流应用的无线网络分为通过公众移动通信网实现的无线网络(如 4G、3G 或 GPRS)和无线局域网(Wi-Fi)两种方式。GPRS 手机上网方式，是一种借助移动电话网络接入 Internet 的无线上网方式，因此只要所在城市开通了 GPRS 上网业务，在任何一个角落都可以通过笔记本电脑上网。

9) 电力网接入(PLC)

电力线通信(Power Line Communication)技术，是指利用电力线传输数据和媒体信号的一种通信方式，也称电力线载波(Power Line Carrier)。把载有信息的高频加载于电流，然后用电线传输到接收信息的适配器，再把高频从电流中分离出来并传送到计算机或电话。PLC 属于电力通信网，包括 PLC 和利用电缆管道和电杆铺设的光纤通信网等。电力通信网的内部应用，包括电网监控与调度、远程抄表等。面向家庭上网的 PLC，俗称电力宽带，属于低压配电网通信。

## 7.7 网络设置及网络测试

1. 网络设置

(1) 标识计算机。

为了使网络上的其他用户能访问计算机，必须给每台计算机标识唯一的名称，并设置工作组，构成对等网络模式。

① 将鼠标移至"计算机"图标上，单击右键，打开快捷菜单。

② 选择"属性"命令，打开"系统属性"对话框，如图 7-8 所示。

③ 选择"计算机名"选项卡，单击"更改"按钮，打开"计算机名/域更改"对话框，如图 7-9 所示。

图 7-8 "系统属性"对话框

图 7-9 更改计算机名称

④ 修改计算机名称。

⑤ 单击"确定"按钮。

(2) 设置协议。

局域网内采用何种协议的基本准则是必须保证相互访问的两台计算机上的协议相同。

如果建立的是对等网，则不存在跨网段的通信，只需要有 NetBEUI 即可。对于客户机/服务器模式的局域网，可采用 TCP/IP 或两种协议都安装。

(3) 设置网络共享资源。

① 共享文件夹。在对等网络模式下，每台计算机既是服务器也是工作站，不需要服务器来管理网络资源，网络中的计算机可直接相互通信。每个用户可以使用资源管理器将计算机上的文档和资源指定为可被网络上的其他用户访问的共享资源。

② 共享打印机。在网络内共享打印机可以使用专门的网络打印机，网络打印机自身带有网卡，只要用网线连接到网络打印机的网卡就可实现网络打印。也可以通过对普通打印机的共享实现网络打印。共享普通打印机主要有如下几个基本步骤：

a. 在网络内的某节点机上安装好打印机，选中打印机，选择"共享"并设置打印机共享名，以允许其他计算机使用该打印机。

b. 在其他节点机上，通过控制面板中的打印机图标，选择添加打印机，进入打印机安装向导,选择网络打印机,按系统要求输入共享打印机的网络路径名称,网络路径名称的格式是\\计算机名\打印机名,然后按系统提示安装打印机驱动程序。

③ Internet 连接共享。使用 Windows 系统的 Internet 连接共享,通过 Modem、ISDN 或 ADSL 等接入设备将网络上的某台主机连接到 Internet,这台主机又称为 ICS 主机,其他计算机再通过 ICS 主机实现与 Internet 的连接。具体操作方法如下:

a. 在网络中选一台计算机作为主机,安装 Internet 连接共享协议(必须以 Administrator 身份登录),并将入网设备连接到该主机。

b. 对主机的 TCP/IP 进行设定。选择指定 IP 地址,例如填入 192.168.0.1(可使用其他地址),在子网掩码中填入 255.255.255.0。

c. 对其他计算机进行设置,打开 TCP/IP 属性对话框,将与网卡绑定的 TCP/IP 设置为自动获取 IP 地址,在网关栏填入为 ICS 主机指定的 IP 地址(假定为 192.168.0.1)。

d. 对其他计算机上的浏览器软件进行设置,在"Internet 选项"对话框中选择从不进行拨号连接,并关闭"局域网设置"中的"自动检测"设置和"使用自动配置脚本"。

### 2. 网络测试工具

许多网络操作系统都提供了基于 TCP/IP 检测网络状态的工具,下面介绍命令提示符下最常用的几种命令行工具,了解和掌握它们将会有助于更好地使用和维护网络。

(1) ipconfig。ipconfig 用来查看 IP 的具体配置信息,显示网卡的物理地址、主机的 IP 地址、子网掩码以及默认网关等,还可以查看主机的相关信息,如主机名、DNS 服务器、节点类型等。命令使用格式:

```
ipconfig/all
```

例如,在命令提示符下输入命令 ipconfig/all,将显示出正在使用的计算机的配置信息,返回结果如图 7-10 所示。

```
>ipconfig/all
```

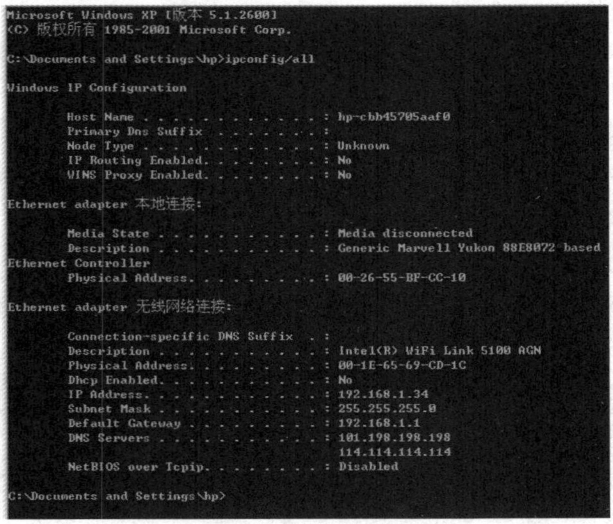

图 7-10 ipconfig 返回结果

(2) ping 命令。ping 命令用来检查网络是否连通以及测试与目的主机之间的连接速度。使用格式：

ping<目的主机的 IP 地址或主机名>。

例如，要测试与百度网的连通性，在命令提示符下输入如下命令，返回结果如图 7-11 所示。

> ping www.baidu.com

ping 命令自动向目的主机发送一条 32 字节的消息，并计算目的站点响应的时间。该过程在默认情况下独立进行 4 次。响应时间低于 400ms 即为正常，超过 400ms 则较慢。

如果返回 Request time out 信息，则意味着目的站点在 1 秒内没有响应。如果返回 4 个 Request time out 信息，则说明该站点拒绝 ping 请求。

如果在局域网内执行 ping 不成功，则故障可能出现在以下几个方面：网线是否连通、网卡配置是否正确、IP 地址是否可用等。如果执行 ping 成功而网络无法使用，那么问题可能出在网络系统的软件配置方面。

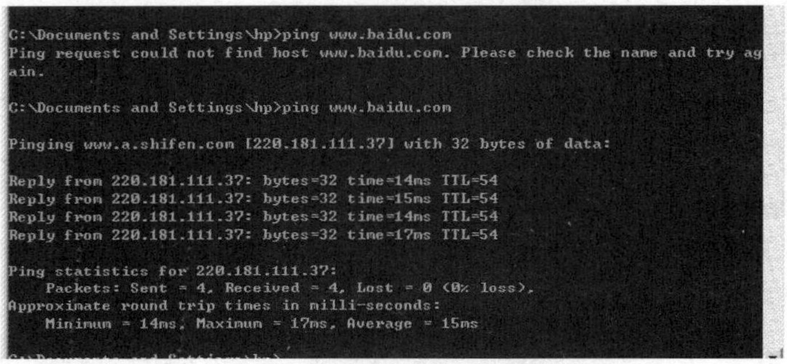

图 7-11　ping 命令执行结果

(3) tracert 命令。tracert 可以判定数据到达目的主机时经过的路径，显示路径上各个路由器的信息。基本使用格式：

tracert<目的主机的 IP 地址或主机名>

例如，输入命令 tracert www.163.com，应答信息如图 7-12 所示，显示出计算机为到达网易的服务器而经过的路由器及响应时间。

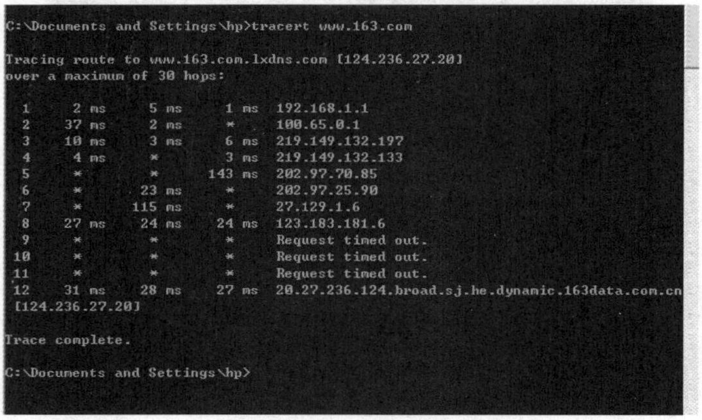

图 7-12　tracert 应答信息

## 7.8 家庭无线网络设置

**1. 案例的提出与分析**

随着计算机技术和电子信息技术的日渐成熟，电子产品以前所未有的速度迅速进入千家万户。网络的普及，使家庭用户对 Internet 的需求也越来越多。我们如果能对繁杂的电子产品有机地进行连接，组成家庭网络，就可以实现软硬件资源共享，合理利用网络资源，满足各家庭成员的使用需求。

小李所住的小区最近开通了电信宽带网，小李想接入该网，但家中有一台台式机、一台笔记本电脑、一个 iPad、好几个智能手机和智能电器。小李希望充分利用宽带资源，实现两台计算机、一个 iPad、好几个智能手机和智能电器随时同时上网以满足各家庭成员的使用需求，但小李对网络了解甚少，不知如何解决，他决定先了解网络的相关知识。

**2. 案例主要涉及的知识点**

(1) 网络连接。
(2) 网络设置。

**3. 案例实现的步骤**

**1) 网络连接**

小李经过一段时间的学习后，成功申请了电信的上网账号，也购置了多台智能终端上网必需的无线路由器，如图 7-13 所示。

图 7-13 无线路由器

该无线路由器有一个WAN接口和四个LAN接口；在本案例中，可以将WAN接口与电信宽带连接，将LAN接口与台式机的网卡连接；笔记本电脑、iPad、智能手机和智能电器一般都配备无线网卡，可以让笔记本电脑、iPad、智能手机和智能电器接收无线路由器发出的信号，实现无线上网。具体连接方法如图7-14所示。

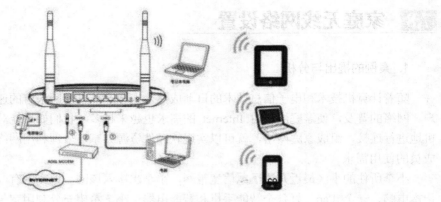

图 7-14 家庭连网示意图

连线之后,如果电源也保持接通,指示灯会亮,如果不亮请检查线路。至此,用户已经可以使用无线路由器,以默认IP的方式登录到无线路由器的配置界面(LAN口的默认IP在说明书和无线路由器的铭牌上都有,包括用户名和密码)。

2) 网络设置

(1) 计算机的网络参数设置

● 台式机的网络参数设置

Ⅰ. 在台式机的Windows 7系统中右击桌面上的"网上邻居",选择"属性"命令,在打开的窗口中再单击"本地连接",选择"属性",打开网络设置对话框,如图7-15所示。

Ⅱ. 在图 7-15 中双击"Internet 协议版本 4(TCP/IPv4)",打开 TCP/IP 协议参数设置对话框,如图 7-16 所示。

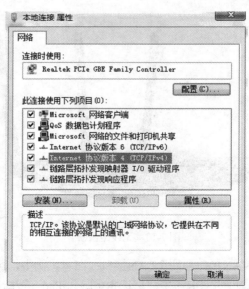

图 7-15 设置网络参数

# 第 7 章 计算机网络基础及应用

图 7-16  设置 IP 地址

在图 7-16 中将 IP 地址获取方式设置为"自动获得 IP 地址"(即动态 IP 方式)。至此，台式机的网络参数设置完毕。

- 笔记本电脑的网络参数设置

因为笔记本电脑是利用无线网卡上网的，所以只需要将笔记本电脑的无线网卡的网络参数按照上述台式机的网络参数设置步骤进行设置，也采用动态IP方式自动获取IP地址。

### 3) 路由器设置

使用无线路由器设置向导可以帮助用户快速地建立网络连接，在本案例中，有台式机、笔记本电脑、iPad、智能手机和智能电器，这些设备除了智能电器都可以设置路由器，我们将用台式机来设置路由器。

我们以 TP-LINK TL-150M 无线路由器为例演示使用设置向导完成连接互联网的具体步骤，大家在使用 TP-LINK 设备的时候可以进行参考。

(1) 连接到无线路由器

使用网线连接无线路由器的 LAN 口和主机网卡(将笔记本电脑和手机直接使用无线的方式连接到路由器)，配置主机的网卡使用自动获取 IP 的方式(TP-LINK 无线路由器默认开启 DHCP 服务)，然后在浏览器中输入 http://192.168.1.1，输入用户名与密码，默认均为 admin，就可以登入无线路由器的管理界面了(TP-LINK 无线路由器的 LAN 口基本上都默认 IP 为 192.168.1.1，用户名以及密码在说明书上有详细说明)，如图 7-17 所示。进入路由器设置界面，单击左侧导航栏中的"设置向导"，在出现的界面中单击"下一步"按钮。

(2) 设置工作模式

在使用设置向导时，需要先指定无线路由器的工作模式为无线路由模式，如图 7-18 所示。

- AP 模式：无线 AP 相当于一台无线交换机，用于将多个无线客户端接入无线网络，选择这种模式是不能使用 PPPoE 功能的。

图 7-17 登录路由器

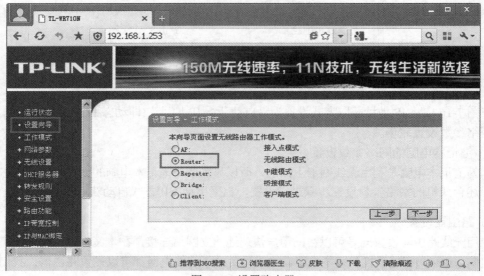

图 7-18 设置路由器

- Router 模式(即无线路由模式)：在这种模式下才能设置共享 PPPoE 拨号连接互联网，是最为常用的模式。
- Repeater：中继模式。此时路由器仅相当于延长网络连接线路的中间连接器，起到信号中继放大功能。
- Bridge：网桥模式。
- Client：网络客户模式。

此处选择 Router 模式，单击"下一步"按钮，在打开的界面中继续设置，如图 7-19 所示。

无线状态：默认开启。

SSID：无线网络名称。

信道、模式和频段带宽保持默认设置。

加密方式推荐使用 WPA-PSK/WPA2-PSK，在 PSK 密码的后边输入密码，用于客户端连接无线路由器，密码长度至少 8 位。

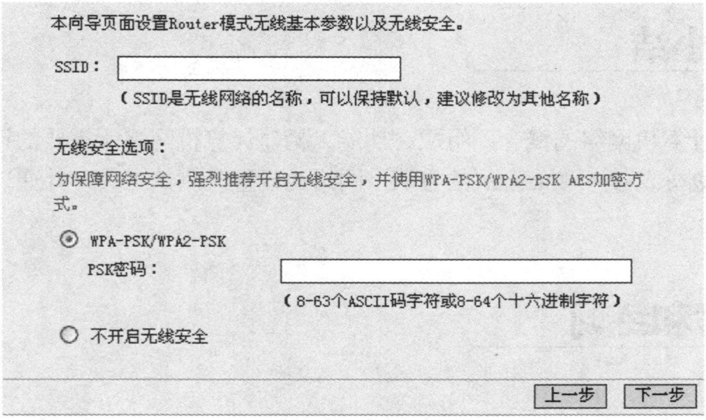

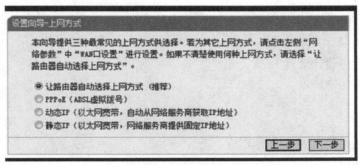

图 7-19 设置无线安全密码

(3) 设置上网方式

设置完无线安全密码后,单击"下一步"按钮,进行WAN口上网方式的设置,如图7-20所示。

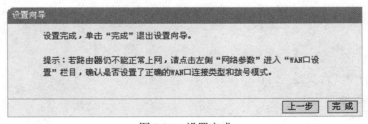

图 7-20 设置上网方式

现在家庭基本都采用光纤宽带上网方式,IP为动态的,联网的方式为动态IP,所以选择"动态IP(以太网宽带,自动从网络服务商获取IP地址)"。如果不清楚使用的是何种上网方式,可以选择"让路由器自动选择上网方式",单击"下一步"按钮,在打开的界面中单击"完成"按钮,如图7-21所示,重启无线路由器使设置生效。

图 7-21 设置完成

这样家里的笔记本电脑、iPad、智能手机和其他智能电器就可以通过无线路由器的密码连接上网了。

## 7.9 本章小结

本章介绍了计算机网络的概念、组成、功能，构建计算机网络所需要的设备及常用的拓扑结构，网络地址划分及接入 Internet 的方法，网络的设置及测试工具，并通过实例讲解了家庭无线网络的设置。

## 7.10 思考和练习

1. 选择题

(1) 用户在浏览 Web 网页时可以通过(　)进行跳转。
　　A. 多媒体
　　B. 鼠标
　　C. 超链接
　　D. 导航文字或图标

(2) HTTP 是一种(　)。
　　A. 高级程序设计语言
　　B. 超文本传输协议
　　C. 域名
　　D. 网址

(3) 计算机网络的主要目标是实现(　)。
　　A. 即时通信
　　B. 发送邮件
　　C. 运算速度快
　　D. 资源共享

(4) TCP/IP 协议是 Internet 中计算机之间通信所必须共同遵循的一种(　)。
　　A. 软件
　　B. 通信规定
　　C. 硬件
　　D. 信息资源

(5) E-mail 的中文含义是(　)。
　　A. 远程查询
　　B. 文件传输
　　C. 远程登录
　　D. 电子邮件

(6) 下列选项中，正确的 IP 地址格式是(　)。
　　A. 202.202.1
　　B. 202.2.2.2.2

C. 202.118.118.1

D. 202.258.14.13

(7) 下列哪个选项不是按网络拓扑结构进行的分类？（　　）。

　　A. 星型网

　　B. 环型网

　　C. 校园网

　　D. 总线型网

(8) 下列哪种网络拓扑结构对中央节点的依赖性最强？（　　）

　　A. 星型

　　B. 环型

　　C. 总线型

　　D. 链型

(9) 调制解调器的英文名称是(　　)。

　　A. Bridg

　　B. Router

　　C. Gateway

　　D. Modem

(10) 计算机网络是由通信子网和(　　)组成的。

　　A. 网卡

　　B. 服务器

　　C. 网线

　　D. 资源子网

## 2. 填空题

(1) 将 IP 地址格式写成十进制时有_____组十进制。

(2) Internet 中 URL 的含义是_____。

(3) 用 Outlook Express 接收电子邮件时，收到的邮件中带有回形针标志，说明邮件_____。

(4) 计算机接入局域网需要配备_____。

(5) 计算机网络的拓扑结构有多种，常见的有_____、_____、_____、_____四种。

## 3. 简答题

(1) 计算机网络的发展经历了哪几个阶段？简述每个阶段的特征。

(2) 计算机网络由哪几部分组成？

(3) 网络的连接设备有哪些？

(4) 简述 Internet 的接入方式。

(5) 简述 IP 地址及 IP 地址的表示方式。

4. 操作题

(1) 用 ipconfig 查看计算机 IP 的具体配置信息，显示网卡的物理地址、主机的 IP 地址、子网掩码、默认网关以及主机的相关信息。

(2) 用 ping 命令检查计算机网络是否连通以及测试与目的主机之间的连接速度。

(3) 利用电子邮箱在网上给同学发送一封带有附件的电子邮件。

(4) 将所用计算机上的打印机设为共享打印机，并在局域网中的其他计算机上使用该打印机。

(5) 利用搜索引擎在网上查找自己所需的资料。

(6) 使用手机设置家里或宿舍的无线路由器上网方式。

# 第 8 章 计算机安全基础知识

本章主要介绍计算机病毒的定义、病毒的特点及种类，病毒的传播方式、病毒的防治措施和网络安全基础知识等内容。

**本章的学习目标：**
- 了解计算机病毒的定义、特点及其种类
- 了解病毒的传播方式
- 掌握计算机病毒防治的一些措施
- 了解网络安全的一些基础知识

## 8.1 计算机病毒及其防护

### 1. 计算机病毒的定义

计算机病毒，是编制者在计算机程序中插入的破坏计算机功能或者数据的代码，能影响计算机使用，能自我复制的一组计算机指令或者程序代码。

### 2. 计算机病毒的特点

计算机病毒具有正常程序的一切特性，它隐藏在正常程序中，当用户调用正常程序时，它窃取到系统的控制权，先于正常程序执行，病毒的动作、目的对用户是未知的和未经用户允许的。它主要有如下几个特征。

传染性。计算机病毒入侵系统后，在一定条件下，破坏系统本身的防御功能，迅速地进行自我复制，从感染存储位置扩散至未感染存储位置，通过网络可以进行计算机与计算机之间的病毒传染。

隐蔽性。计算机病毒通常会以人们熟悉的程序形式存在。有些病毒名称往往会被命名为类似系统文件名，例如，假 IE 图标 Internet Explorer，其中 Internet 单词的一个"n"被假图标改为了两个"n"，很难被用户发现，一旦点击访问这些图标指向的网站，很有可能面临钓鱼或挂马威胁；又如文件夹 EXE 病毒，其图标与 Windows 默认的文件夹图标是一样的，十分具有迷惑性，当用户双击打开此文件夹时，就会激活病毒。

潜伏性。一般情况下，计算机病毒感染系统后，并不会立即发作攻击计算机，而是具有一段时间的潜伏期。潜伏期长短一般由病毒程序编制者所设定的触发条件来决定。如"PETER-2"在每年 2 月 27 日会提 3 个问题，如果回答错误会把硬盘加密。著名的病毒"黑色星期五"在每个 13 号的周五发作。这些病毒在日常潜伏得很好，只有在指定日才会发作。

破坏性。计算机系统一旦感染了病毒程序，系统的稳定性将受到不同程度的影响。一般情况下，计算机病毒发作时，由于其连续不断地自我复制，大部分系统资源被占用，从而减缓了计算机的运行速度，使用户无法正常使用。严重者，可使整个系统瘫痪，无法修复，造成损失。

不可预见性。从对病毒的检测方面来看，病毒还有不可预见性。不同种类的病毒，其代码千差万别，但有些操作是共有的，如驻留内存、修改中断。有些人利用病毒的这种共性，制作了声称可以查找所有病毒的程序。这种程序的确可以查出一些新病毒，但由于目前的软件种类极其丰富，而且某些正常程序也使用了类似病毒的操作，甚至借鉴了某些病毒的技术，使用这种方法对病毒进行检测势必会产生许多误报。而且病毒的制作技术也在不断提高，病毒对反病毒软件永远是超前的。

可触发性。编制计算机病毒的人，一般都为病毒程序设定了一些触发条件，例如，系统时钟的某个时间或日期、系统运行了某些程序等。一旦条件满足，计算机病毒就会"发作"，使系统遭到破坏。

多样性。由于计算机病毒具有自我复制和传播的特性，加上现代传播媒介的多元化，计算机病毒的发展在数量与种类上均呈现出多样性特点。

### 3. 计算机病毒的种类

从第一个病毒问世以来，病毒的种类多得已经难以准确统计。时至今日，病毒的数量仍在不断增加。据国外统计，计算机病毒数量正以每周 10 种的速度递增，另据我国公安部统计，国内以每月 4~6 种的速度在递增。

计算机病毒的分类方法有很多种。

#### 1) 按照计算机病毒侵入的系统分类

(1) 攻击 DOS 系统的病毒。这种病毒出现最早、最多，变种也最多，传播也非常广泛，如"小球"病毒、"黑色星期五"病毒等，对网站安全构成了非常大的威胁。

(2) 攻击 Windows 系统的病毒。随着 Windows 系统取代 DOS 系统成为 PC 机的主流平台，Windows 系统也成为病毒攻击的主要对象。CIH 病毒就是一个经典的攻击 Windows 系统的病毒。

(3) 攻击 UNIX 系统的病毒。现在，UNIX 操作系统的应用非常广泛，许多大型的操作系统均采用 UNIX 作为其主要的操作系统，所以，攻击 UNIX 大家族的病毒对信息处理是一个严重的威胁。

(4) 攻击 OS/2 系统的病毒。世界上也已经发现攻击 OS/2 系统的病毒——AEP 病毒。AEP 病毒可以将自身依附在 OS/2 可执行文件的后面实施感染。

#### 2) 按照计算机病毒的链接方式分类

(1) 源码型病毒。这种病毒主要攻击高级语言(如 Fortan、C、Pascal 等语言)编写的程序，该病毒在高级语言所编写的程序编译前插入源程序中，经编译成为合法程序的一部分。

(2) 嵌入型病毒。这种病毒是将自身嵌入现有程序中，把病毒的主体程序与其攻击的对象以插入的方式链接。这种计算机病毒是难以编写的，一旦侵入程序后也较难消除。

(3) 外壳型病毒。这种病毒将其自身包围在被侵入的程序周围，对原来的程序不做修改。这种病毒最为常见，易于编写，也易于发现，一般测试文件的大小即可查出。

(4) 操作系统型病毒。这种病毒程序用自己的逻辑部分取代一部分操作系统中的合法程序模块，从而寄生在计算机磁盘的操作系统区，在计算机启动时，先运行病毒程序，然后再运行启动程序，这类病毒破坏力很强，可以使系统无法启动。

### 3) 按照计算机病毒的破坏性分类

(1) 良性病毒。良性病毒是指不破坏计算机系统的病毒。病毒制造者编制病毒的目的不是为了对计算机系统进行破坏，而是为了显示他们在计算机编程方面的技巧和才华，但这种病毒还是会干扰计算机操作系统的正常运行，占用计算机资源。

(2) 恶性病毒。恶性病毒是指那些损伤和破坏计算机系统的病毒，在其传染或发作时会对系统产生直接的破坏作用。常见的恶性病毒的破坏行为是删除计算机系统内存储的数据和文件；也有一些恶性病毒不删除任何文件，而是对磁盘乱写，表面上看不出病毒破坏的痕迹，但文件和数据的内容已被改变。这类病毒有很多，如 CIH 病毒，它不仅能够破坏计算机系统内的数据，还能破坏计算机硬件，损坏某些机型的主板，这也是第一个被发现的可以破坏主板的病毒。

### 4) 按照计算机病毒的寄生方式或感染对象分类

(1) 引导型病毒。引导型病毒也称磁盘引导型、引导扇区型、磁盘启动型、系统型病毒等。引导型病毒就是把自己的病毒程序放在软盘的引导区以及硬盘的主引导记录区或引导扇区，当作正常的引导程序，而将真正的引导程序搬到其他位置。这样，计算机启动时，就会把引导区的病毒程序当作正常的引导程序来运行，使寄生在磁盘引导区的静态病毒进入计算机系统，病毒变成活跃状态(或称病毒被激活)，这时病毒可以随时进行感染和破坏。

(2) 文件型病毒。文件型病毒是指所有通过操作系统的文件系统进行感染的病毒。文件型病毒以感染可执行文件的病毒为主，还有一些病毒可以感染高级语言程序的源代码、开发库或编译过程中所生成的中间文件。病毒也可能隐藏在普通的数据文件中，但是这些隐藏在数据文件中的病毒不是独立存在的，必须需要隐藏在可执行文件中的病毒部分来加载这些代码。宏病毒在某种意义上可以被看作文件型病毒，但由于其数量多、影响大，而且也有自己的特点，所以通常单独分类。

### 5) 按照传播介质分类

(1) 单机病毒。单机病毒的载体是磁盘。一般情况下，病毒从 USB 盘、移动硬盘传入硬盘，感染系统，然后再传染其他 USB 盘和移动硬盘，接着传染其他系统。例如，CIH 病毒。

(2) 网络病毒。当前，因特网在世界上发展迅速，随着上网用户的增加，网络病毒的传播速度更快，范围更广，造成的危害更大。网络病毒往往造成网络堵塞，修改网页，甚至与其他病毒结合修改或破坏文件。

### 4. 计算机病毒的传播方式

就当前的病毒特点分析，病毒的传播途径有两种，一种是通过网络传播，一种是通过硬件设备传播。

(1) 网络传播。网络传播又分为因特网传播和局域网传播两种。网络信息时代，因特网和局域网已经融入了人们的生活、工作和学习中，成为社会活动中不可或缺的组成部分。特别是因特网，已经越来越多地被用于获取信息、发送和接收文件、接收和发布新的消息以及下载文件和程序。随着因特网的高速发展，计算机病毒也走上了高速传播之路，已经成为计算机病毒的第一传播途径。

(2) 硬件设备传播。分为不可移动的计算机硬件设备传播和移动存储设备传播两种，通过移动存储设备来传播计算机病毒，这些设备包括软盘、磁盘、U 盘等。在移动存储设备中，U 盘是使用最广泛、移动最频繁的存储介质，因此，也成了计算机病毒寄生的"温床"。

## 8.2 计算机网络安全基础知识

从狭义的保护角度来看，计算机网络安全是指计算机及其网络系统资源和信息资源不受自然和人为有害因素的威胁和危害，从广义来说，凡是涉及计算机网络上信息的保密性、完整性、可用性、真实性和可控性的相关技术和理论都是计算机网络安全的研究领域。

### 1. 计算机网络安全的重要性

(1) 计算机存储和处理的是有关国家安全的政治、经济、军事、国防的情况及一些部门、机构、组织的机密信息，或是个人的敏感信息、隐私，往往成为敌对势力、不法分子的攻击目标。

(2) 随着计算机系统功能的日益完善和速度的不断提高，系统组成越来越复杂，系统规模越来越大，特别是 Internet 的迅速发展，存取控制、逻辑连接数量不断增加，软件规模空前膨胀，任何隐含的缺陷、失误都能造成巨大损失。

(3) 人们对计算机系统的需求在不断扩大，这类需求在许多方面都是不可逆转、不可替代的，而计算机系统使用的场所正在转向工业、农业、野外、天空、海上、宇宙空间，核辐射环境等，这些环境都比机房恶劣，出错率和故障的增多必将导致可靠性和安全性的降低。

(4) 随着计算机系统的广泛应用，各类应用人员队伍迅速发展壮大，教育和培训却往往跟不上知识更新的需要，操作人员、编程人员和系统分析人员的失误或缺乏经验都会造成系统的安全功能不足。

(5) 计算机网络安全问题涉及许多学科领域，既包括自然科学，又包括社会科学。就计算机系统的应用而言，安全技术涉及计算机技术、通信技术、存取控制技术、校验认证技术、容错技术、加密技术、防病毒技术、抗干扰技术、防泄露技术等，因此，是一个非常复杂的综合问题，并且其技术、方法和措施都要随着系统应用环境的变化而不断变化。

(6) 从认识论的高度看，人们往往首先关注系统功能，然后才被动地从现象注意系统应用的安全问题。因此广泛存在着重应用、轻安全、法律意识淡薄的普遍现象。计算机系统的安全是相对不安全而言的，许多危险、隐患和攻击都是隐蔽的、潜在的、难以明确却又广泛存在的。

### 2. 计算机网络安全的特征

(1) 保密性：信息不泄露给非授权的用户、实体或过程，或供其利用的特性。

(2) 完整性：数据未经授权不能进行改变的特性。即信息在存储或传输过程中保持不被修改、不被破坏和丢失的特性。

(3) 可用性：可被授权实体访问并按需求使用的特性。即当需要时能否存取所需网络安全解决措施的信息。例如，网络环境下拒绝服务、破坏网络和有关系统的正常运行等都属于对可用性的攻击。

(4) 可控性：对信息的传播及内容具有控制能力。

(5) 可审查性：出现安全问题时提供依据与手段。

### 3. 计算机网络安全防范

网络安全防护是一种网络安全技术，指致力于解决诸如如何有效进行介入控制，以及如何保证数据传输的安全性的技术手段，主要包括物理安全分析技术，网络结构安全分析技术，系统安全分析技术，管理安全分析技术，以及其他的安全服务和安全机制策略。

#### 1) 防护措施

物理措施防护：例如，保护网络关键设备，制定严格的网络安全规章制度，采取防辐射、防火以及安装不间断电源(UPS)等措施。

访问控制：对用户访问网络资源的权限进行严格的认证和控制。例如，进行用户身份认证，对口令加密、更新和鉴别，设置用户访问目录和文件的权限，控制网络设备配置的权限，等等。

数据加密防护：加密是防护数据安全的重要手段。加密的作用是保障信息被人截获后不能读懂其含义。

网络隔离防护：网络隔离有两种方式，一种是采用隔离卡实现，一种是采用网络安全隔离网闸实现。

其他措施：其他措施包括信息过滤、容错、数据镜像、数据备份和审计等。

#### 2) 防范意识

拥有网络安全意识是保证网络安全的重要前提。许多网络安全事件的发生都和缺乏安全防范意识有关。

#### 3) 安全检查

要保证网络安全，进行网络安全建设，第一步首先要全面了解系统，评估系统安全性，认识到自己的风险所在，从而迅速、准确地解决内网安全问题。由安天实验室自主研发的国内首款创新型自动主机安全检查工具，彻底颠覆传统系统保密检查和系统风险评测工具操作的繁冗性，一键操作即可对内网计算机进行全面的安全保密检查及精准的安全等级判定，并对评测系统进行强有力的分析处置和修复。

#### 4) 安全方案

人们有时候会忘记安全的根本，只是去追求某些耀人眼目的新技术，结果却发现最终一无所得。而在目前的经济环境下，有限的安全预算不适合置企业风险最高的区域于不顾地去追求新技术。当然，这些高风险区域并非对所有人都相同，而且会时常发生变化。不良分子总是会充分利用这些高风险区域实施攻击。写作本文的目的，就是要看一看有哪些安全解决方案可以覆盖到目前最广的区域，可以防御各种新型威胁。从很多方面来看，这些解决方案都是些不假思索就能想到的办法，但是你却会惊讶地发现，有如此多的企业(无论是大企业还是小企业)却并没有将它们安放在应该放置的地方，很多时候它们只是一种摆设而已。

## 8.3 使用微机的安全防护措施

### 8.3.1 案例的提出与分析

小王最近发现他新买的计算机突然变得迟钝起来，反应缓慢，出现蓝屏甚至死机，在登录邮箱时，邮箱总是提示输入密码不正确。小王很烦恼，找到计算机维修人员小李，小李听了小王的讲述后，告诉小王，计算机可能中了病毒，邮箱密码输入不正确可能是邮箱被盗了。小王听后很惊讶，自己在家登录邮箱，邮箱账号怎么被盗了呢？以后自己还开不开通网上银行呢？小李向小王介绍了计算机病毒和网络安全的相关知识，并提出了防治病毒和网络安全的建议。

### 8.3.2 案例主要知识点

(1) 建立良好的安全习惯。
(2) 关闭或删除系统中不需要的服务。
(3) 经常升级操作系统安全补丁。
(4) 使用复杂的密码。
(5) 迅速隔离受感染的计算机。
(6) 安装专业的杀毒软件进行全面监控。
(7) 安装个人防火墙软件及其他安全软件进行防黑客。
(8) 做好"一键还原"备份。

### 8.3.3 案例解决方案

小李将小王的电脑重装了系统，并安装了杀毒软件及网络安全软件，并对小王提出了以下建议。

#### 1. 建立良好的安全习惯

不要打开一些来历不明的链接，不要上一些不太了解的网站，不要运行从 Internet 下载后未经杀毒处理的软件等，这些必要的习惯会使计算机更安全。使用移动存储设备时要先杀毒后打开。

养成定期查毒、杀毒的习惯。因为很多病毒在感染后会在后台运行，用肉眼是无法看到的，而有的病毒会存在潜伏期，在特定的时间会自动发作，所以要定期对自己的计算机进行检查，一旦发现感染了病毒，要及时清除。

#### 2. 关闭或删除系统中不需要的服务

默认情况下，许多操作系统会安装一些辅助服务，如 FTP 客户端、Telnet 和 Web 服务器。

这些服务为攻击者提供了方便，而又对用户没有太大用处，如果关闭它们，就能大大减少被攻击的可能性。

### 3. 经常升级操作系统安全补丁

大量网络病毒是通过操作系统安全漏洞进行传播的，像蠕虫王、冲击波、震荡波等，所以我们应该定期到微软公司网站去下载最新的安全补丁。

### 4. 使用复杂的密码

有许多网络病毒就是通过猜测简单密码的方式攻击系统的，因此，使用复杂的密码，将会大大提高计算机的安全系数。

### 5. 迅速隔离受感染的计算机

当计算机发现病毒或异常时应立刻断网，以防止计算机受到更多的感染，或者成为传播源，再次感染其他计算机。

### 6. 安装专业的杀毒软件进行全面监控

在病毒日益增多的今天，使用杀毒软件进行防毒，是越来越经济的选择，不过用户在安装反病毒软件之后，应该经常进行升级，经常打开一些主要监控，如邮件监控、内存监控等，遇到问题要上报，这样才能真正保障计算机的安全。常用的杀毒软件有360杀毒、腾讯电脑管家、金山毒霸、瑞星杀毒、卡巴斯基等。

### 7. 安装个人防火墙软件及其他安全软件进行防黑客

由于网络的发展，用户计算机面临的黑客攻击问题也越来越严重，许多网络病毒都采用了黑客的方法来攻击用户计算机，因此，用户还应该安装个人防火墙软件，将安全级别设为中、高，这样才能有效地防止网络上的黑客攻击。常用的个人防火墙安全软件有360安全卫士、瑞星、天网等。

### 8. 做好"一键还原"备份

在计算机受到病毒侵害时，只需按下"一键还原"键，计算机就可以快速恢复到初始安装系统状态，这样就免去了重装系统的麻烦，为我们提供了极大的方便。

一键还原并不是品牌机的专利，非品牌机也可以通过安装"一键还原精灵"软件来实现一键还原的功能，在系统遭到破坏的时候，只需按下F11键，就可以快速还原为以前备份的系统，同时该软件完全免费，可以放心使用。

## 8.4 本章小结

本章介绍了计算机病毒的定义、特点、种类及传播方式，介绍了计算机网络安全的概念、特性、重要性及安全防范，并且通过案例方式总结病毒的防治措施。

## 8.5 思考和练习

**1. 选择题**

(1) 通常所说的"计算机病毒"是指( )。
   A. 细菌感染
   B. 生物病毒感染
   C. 被损坏的程序
   D. 特制的具有破坏性的程序

(2) 对于已感染了病毒的 U 盘，最彻底的清除病毒的方法是( )。
   A. 用酒精将 U 盘消毒
   B. 放在高压锅里煮
   C. 将感染病毒的程序删除
   D. 对 U 盘进行格式化

(3) 计算机病毒造成的危害是( )。
   A. 使磁盘发霉
   B. 破坏计算机系统
   C. 使计算机内存芯片损坏
   D. 使计算机系统突然掉电

(4) 计算机病毒的危害性表现在( )。
   A. 能造成计算机器件永久性失效
   B. 影响程序的执行，破坏用户数据与程序
   C. 不影响计算机的运行速度
   D. 不影响计算机的运算结果，不必采取措施

(5) 计算机病毒对于操作计算机的人，( )。
   A. 只会感染，不会致病
   B. 会感染致病
   C. 不会感染
   D. 会有厄运

(6) 以下措施不能防止计算机病毒的是( )。
   A. 保持计算机清洁
   B. 先用杀病毒软件将从别人机器上复制过来的文件清查病毒
   C. 不用来历不明的 U 盘
   D. 经常关注防病毒软件的版本升级情况，并尽量取得最高版本的防毒软件

(7) 下列 4 项中，不属于计算机病毒特征的是( )。
   A. 潜伏性
   B. 传染性
   C. 激发性

D. 免疫性

(8) 杀病毒软件的作用是( )。
　　A. 检查计算机是否染有病毒，消除已感染的任何病毒
　　B. 杜绝病毒对计算机的侵害
　　C. 查出计算机已感染的任何病毒，消除其中的一部分
　　D. 检查计算机是否染有病毒，消除已感染的部分病毒

(9) 在安全模式下杀毒最主要的理由是( )。
　　A. 安全模式下查杀病毒速度快
　　B. 安全模式下查杀病毒比较彻底
　　C. 安全模式下不通网络
　　D. 安全模式下杀毒不容易死机

(10) 确保单位局域网的信息安全，防止来自 Internet 的黑客入侵，采用( )以实现一定的防范作用。
　　A. 网管软件
　　B. 邮件列表
　　C. 防火墙软件
　　D. 杀毒软件

2. 填空题

(1) 计算机病毒通常是_____。

(2) 网络隔离有两种方式，一种是采用_____实现，一种是采用_____实现。

(3) 网络安全防护是一种网络安全技术，主要包括_____，_____，_____，_____，_____。

3. 简答题

(1) 什么是计算机病毒？计算机病毒包括哪几类？
(2) 计算机病毒的特征？
(3) 计算机病毒有哪些传播途径？
(4) 计算机网络安全的特征？

4. 操作题

(1) 在网上下载 360 安全卫士并将其安装到计算机上，熟练掌握 360 安全卫士的功能。
(2) 在网上下载瑞星杀毒软件并将其安装到计算机上，熟练掌握瑞星杀毒软件的功能。

# 参考文献

[1] 龚沛曾，杨志强，朱君波等. 以计算思维为切入点的计算机基础课程联动改革与实践[J]. 中国大学教学，2015，11: 53-56.

[2] 李伯虎，柴旭东，张霖等. 新一代人工智能技术引领下加快发展智能制造技术，产业与应用[J]. 中国工程科学，2018 (2018 年 04): 73-78.

[3] Alan Clements. 计算机组成原理[M]. 北京：机械工业出版社，2017.

[4] Gerard Blanchet，Bertrand Dupouy. 计算机体系结构[M]. 北京：清华大学出版社，2017.

[5] 顾沈明. 计算机基础[M]. 4 版. 北京：清华大学出版社，2018.

[6] 黄培忠. 计算机应用基础[M]. 2 版. 上海：华东师范大学出版社，2019.

[7] 翟萍，王贺明. 大学计算机基础[M]. 北京：清华大学出版社，2019.

[8] 唐春林，刘三满，刘荷花，王晓燕. 大学计算机应用教程[M]. 北京：教育科学出版社，2018.

[9] 刘三满，黄兴，马荣华. 计算机应用基础[M]. 北京：中央民族大学出版社，2018.

[10] 未来教育教学与研究中心. 全国计算机等级考试题库 二级 Office[M]. 成都：电子科技大学出版社，2018.

[11] 龚沛曾，等. 大学计算机基础[M]. 5 版. 北京：高等教育出版社，2009.

[12] 芦扬. Access 2016 数据库应用基础教程[M]. 北京：清华大学出版社，2018.

[13] 王秉宏. Access 2016 数据库应用基础教程[M]. 北京：清华大学出版社，2017.

[14] 白艳. Access 2016 数据库应用教程[M]. 北京：中国铁道出版社，2019.

[15] 张超，王剑云，陈宗民，叶文珺. 计算机应用基础[M]. 3 版. 北京：清华大学出版社，2018.

[16] 胡选子. 计算机应用基础[M]. 北京：清华大学出版社，2013.

[17] 宋彦民. 计算机网络技术基础[M]. 2 版. 北京：清华大学出版社，2015.

[18] 颜燕. Win7 电脑安装操作系统的技巧研究[J]. 无线互联科技，2017(16)：51-52.

[19] 袁津生，吴砚农. 计算机网络安全基础[M]. 5 版. 北京：人民邮电出版社，2018.

[20] 徐国天. 网络安全基础[M]. 北京：清华大学出版社，2014.

[21] 尹少平. 网络安全基础教程与实训[M]. 3 版. 北京：北京大学出版，2014.

[22] 陆国浩，等. 网络安全技术基础[M]. 北京：清华大学出版社，2017.

[23] 于振伟，等. 计算机病毒防护技术[M]. 北京：清华大学出版社，2017.

[24] 唐春林，等. 大学计算机应用教程[M]. 北京：教育科学出版社，2016.

[26] 马晓荣，李宇博. PowerPoint 2016 幻灯片制作案例教程[M]. 北京：清华大学出版社，2019.

[27] 王国胜. Office 2016 实战技巧精粹辞典[M]. 北京：中国青年出版社，2018.

[28] 孙晓南. PowerPoint 2016 精美幻灯片制作[M]. 北京：电子工业出版社，2017.

[29] 刘程杰，童莹. 试析 Win10 文件系统的功能机制与特点[J]. 电脑编程技巧与维护，2017(15).

[30] 李华伟. 一键玩转 Win10 新快捷键汇总[J]. 计算机与网络，2014(20).

[31] 谢希仁. 计算机网络[M]. 北京：电子工业出版社，2017.

[32] 刘勇，邹广慧. 计算机网络基础[M]. 北京：清华大学出版社，2016.

[33] 于鹏. 计算机网络技术基础[M]. 北京：电子工业出版社，2018.

[34] 宋一兵. 计算机网络基础与应用[M]. 3 版. 北京：人民邮电出版社，2019.

[35] 刘瑞新. 计算机应用基础(Windows 7+Office 2010) [M]. 北京：机械工业出版社，2016.

[36] 许晞，刘艳丽，聂哲. 计算机应用基础(第 4 版 修订版)[M]. 北京：高等教育出版社，2017.

[37] 贾根良. 第三次工业革命与工业智能化[J]. 中国社会科学，2016(6).